寓教於樂
玩星際探險家
Interstellar Explorer
學運算思維

含星際探險家桌遊包

國立屏東大學
吳聲毅・方嘉岑・梁淑梅　著

台科大圖書
since 1997

序 FOREWORD

　　運算思維的概念從 2006 年由學者 Wing 提出來後，受到國際間教育單位的重視，各先進國家陸續修訂課綱，讓孩子可以從小學習運算思維與程式邏輯。此外，教育桌遊這幾年來也開始盛行，包含台灣的許多國家也開始有廠商或學校發展不插電的運算思維桌遊。

　　「星際探險家」運算思維桌遊將外太空的世界化作一個遊戲場，玩家想像著操控太空船至星際中探險，並尋找美麗的星球。玩家可以控制太空船行動和隕石等障礙物的擺設防守、探索對方區域內適合人類居住的星球，最先找到的玩家即獲得勝利。在控制太空船行動與物件的擺設防守之間可以培養孩子的思考邏輯與問題解決能力，並激發孩子的想像力與創造力。遊戲設計中牌卡的擺放使用凹凸直式拼接方式，類似目前許多視覺化程式設計語言（Visual Programming Language），幫助孩子建立撰寫程式的基礎，未來學習視覺化程式設計語言更容易上手，讓孩子在玩樂的過程中也能學習到程式設計的運算思維，包含函數、迴圈、條件式……等。另外備有空白條件卡、空白執行卡，可讓孩子自行設計條件與執行規則。此外，運算思維的精神不單單是學習程式邏輯，更重要的是學習透過程式邏輯的思維去解決生活中的問題。因此，本書規劃透過桌遊牌卡與書中可以自訂內容的空白牌卡，讓玩家透過凹凸直式拼接的方式以程式邏輯概念解決生活中的問題，達到運算思維最終的學習目標。

　　在教材內容的設計上，我們擺脫傳統以學習目標導向的編排方式。希望家長、教師或學童，能先進行桌遊的遊玩，熟悉之後，再來想一想從遊玩中我們可以學到什麼。此教材與桌遊得以付梓，感謝台科大圖書范總經理所領導的團隊大力協助，在開發的過程中，也要感謝國立屏東大學科普傳播學系、師資培育中心與運算思維教學資源中心的資源協助。

吳聲毅、方嘉岑、梁淑梅　2019.3.6

目錄
CONTENTS

- 微課 **1** 運算思維簡介 ··· 1

- 微課 **2** 星際探險家物件及卡片介紹
  （角色卡、飛行卡）·· 11

- 微課 **3** 程式元素與卡牌介紹
  （魔力卡、執行卡、魔力記錄器）·· 33

- 微課 **4** 星際探險家玩法解說
  ──基礎模式、快速模式 ··· 61

- 微課 **5** 星際探險家玩法解說
  ──團隊模式與分享、回顧 ··· 73

- 微課 **6** 用卡牌寫程式，解決生活中的問題 ································ 79

- 附錄 ··· 91

微課 1

運算思維簡介

學習目標
1. 了解什麼是運算思維。
2. 生活中運算思維的運用。

大家聽到「運算思維」通常都會聯想到程式設計，或是覺得很陌生、很抽象，其實在日常生活中，我們經常使用運算思維來解決問題。先讓我們來介紹什麼是運算思維，運算思維（Computational Thinking）是由卡內基美隆大學（Carnegie Mellon University）的學者周以真（Jeannette M. Wing）於 2006 年提出，她指出：「運算思維是運用電腦科學基本概念來解決問題、設計系統，以及了解人類的行為。」運算思維是大家應具備之基本能力，並非專屬於電腦科學家或程式設計師。繼 Wing 之後，Google 於 2010 年提出運算思維應包含：分解問題、模式識別、模式一般化與抽象化、演算法設計及資料分析與視覺化等。

了解什麼是運算思維後，我們來看看什麼是運算思維的核心能力和生活中的應用。

運算思維的核心能力

問題拆解 Decomposition
將一個任務或問題拆解成數個步驟或部分

找出規律 Pattern Recognition
預測問題的規律，並找出模式做測試

歸納與抽象化 Pattern Generalization and Abstraction
找出最主要導致此模式的原則或因素

演算法設計 Algorithm Design
設計出能夠解決類似問題並且能夠被重複執行的指令流程

1.1 問題拆解

「問題拆解」是指將一個大問題分割成數個小問題,之後再針對各個小問題,進行解決和管理。生活中常常會遇到複雜的問題,我們通常會將問題分成很多個細節,而這些細節就等同於數個小問題,這就是拆解的動作。

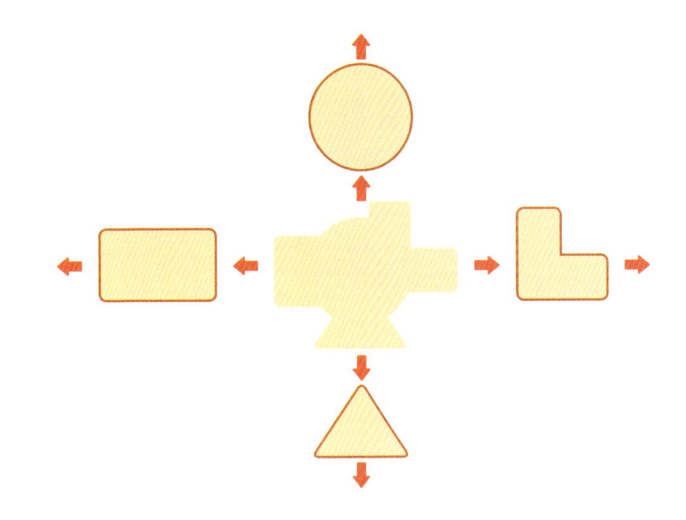

範例

當遺失錢包,要尋找錢包時,要考慮……

- 曾經路過哪些地方?
- 曾經辦過什麼事情?
- 是否有拿出錢包付錢?
- 在哪些地方拿出過錢包?
- 最後一次拿出錢包是什麼時候?

練習

鉛筆盒不見時,要考慮什麼?

1.2 找出規律

「找出規律」也就是從小問題中尋找出相似處，透過規律讓問題可以快速的被歸納，將問題簡化。發現的規律越多，在問題的解決上也會越容易，並加快問題解決的速度。

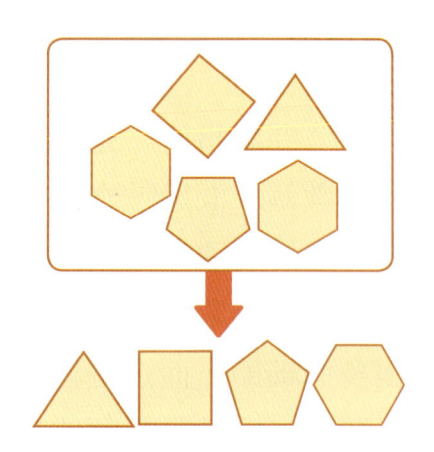

範 例

如何從公園的動物中找出狗狗？（找出狗狗的共同特徵）

- 4 隻腳
- 牙齒粗壯
- 有尾巴
- 爪子粗鈍
- 汪汪叫

練 習

如何從公園的動物中找出蜘蛛？（找出蜘蛛的共同特徵）

1.3 歸納與抽象化

找出最主要的重點或規律，刪除不必要的因素，只聚焦在重要的特徵上，而非共同特徵。

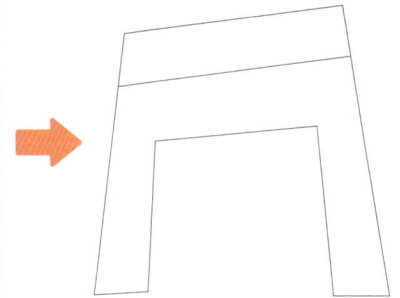

範例

從公園的狗狗中找出米色的拉不拉多狗

- 背毛短且濃密
- 顏色米色
- 體型為中大型犬
- 耳朵大且有垂感
- 尾巴根部十分粗，向尖端逐漸變細

練習

從公園的狗狗中找出紅貴賓犬

1.4 演算設計法

設計一個可以解決問題的指令流程,其中要包含每一個步驟、順序、指示。要確保執行出來的結果是正確的,需要將複雜的問題分解成很多個小問題,找出其中的規律並歸納,然後將每一個小問題的解答用正確的順序串聯起來,這個處理問題的順序就是演算法,最常見的演算法呈現方式為流程圖。

常用的流程圖符號

符號	意義	說明
⬭	開始／結束	流程圖的開始或結束位置
▭	處理	執行處理工作
→	流程線	表示流程進行的方向
▱	輸入／輸出	資料的輸入或輸出工作
◇	判斷	依條件比較結果進行不同的處理
⬡	迴圈	表示迴圈變數初值與終值的描述
○	連接	連接點

練習 1

有一個獨木橋，一次只能一個動物通過，橋的兩端分別住著小貓和小羊，請依據下列流程圖物件，排列出小貓要過橋的流程圖。

開始／結束	開始　　　結束
處理	小貓走上橋　　小羊退後到橋下　　小貓繼續走到橋下
判斷	發現小羊在橋上

解答

練習 2

王子拿著玻璃鞋尋找灰姑娘，要找到與手中玻璃鞋合腳的少女……

開始／結束	開始　　結束
處理	王子拿著玻璃鞋　　尋找下一個少女 找到灰姑娘
判斷	願意試穿　　鞋子合腳

解答

練習 3

媽媽要去菜市場買葡萄，請想想看過程中會發生什麼需要處理的過程，將需要處理的項目列出來，然後使用流程圖規劃出正確的執行順序。

解答

開始／結束	開始　結束
處理	
判斷	

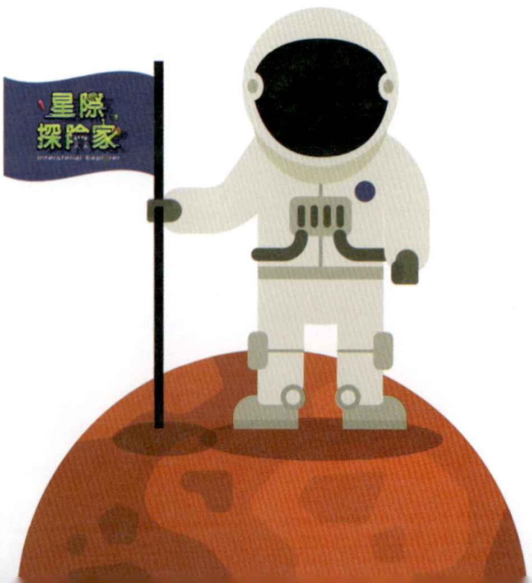
星際
探險家

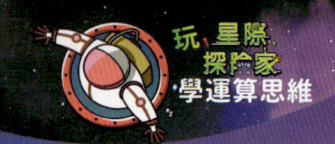

微課 2

星際探險家物件及卡片介紹
（角色卡、飛行卡）

學習目標
1. 認識星際探險家桌遊物件。
2. 認識程式開發者。
3. 學習程式元素─序列。

星際探險家
Interstellar Explorer

　　星際探險家將外太空的世界化作一個遊戲場，玩家想像著操控太空船至星際中探險，並且尋找美麗的星球。玩家可以控制太空船行動和隕石等障礙物的擺設防守，並探索對方區域內適合人類居住的地球，最先找到的玩家即獲得勝利。

　　此桌遊為 8 歲以上學童設計，在控制太空船行動與物件的擺設防守之間，可以培養孩子的思考邏輯與問題解決能力，並激發孩子的想像力與創造力。

　　遊戲設計中卡牌的擺放使用直式拼接方式，類似目前許多視覺化程式設計語言（Visual Programming Language），可幫助孩子建立撰寫程式的基礎，未來學習視覺化程式設計語言更容易上手，讓孩子在玩樂的過程中也能學習到程式設計的運算思維，如函數、迴圈、條件式……等。本桌遊另外備有空白條件卡、空白執行卡，可讓孩子自行設計條件與執行規則。

2.1 星際棋盤

　　在此款桌遊中有 3 種遊戲模式，分別為：基礎模式、快速模式、團隊模式，在不同模式中所對應使用的棋盤格不同，所以將棋盤格設計為雙面，「基礎模式」和「團隊模式」使用的棋盤格為深藍色，星際棋盤中雙方「開始探險」的位置在左右兩側；「快速模式」使用的棋盤格為亮藍色，星際棋盤中雙方「開始探險」的位置在棋盤格中央，如下圖。

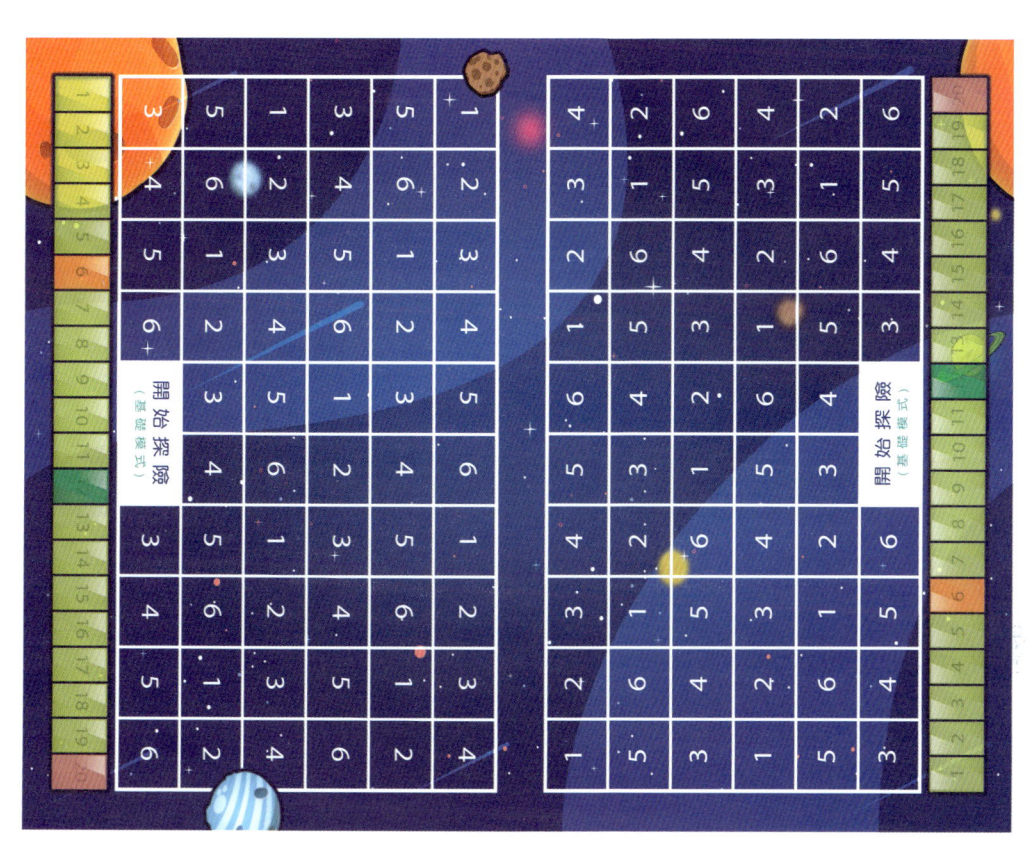

微課 2　星際探險家物件及卡片介紹

↑ 基礎模式、團隊模式適用的星際棋盤

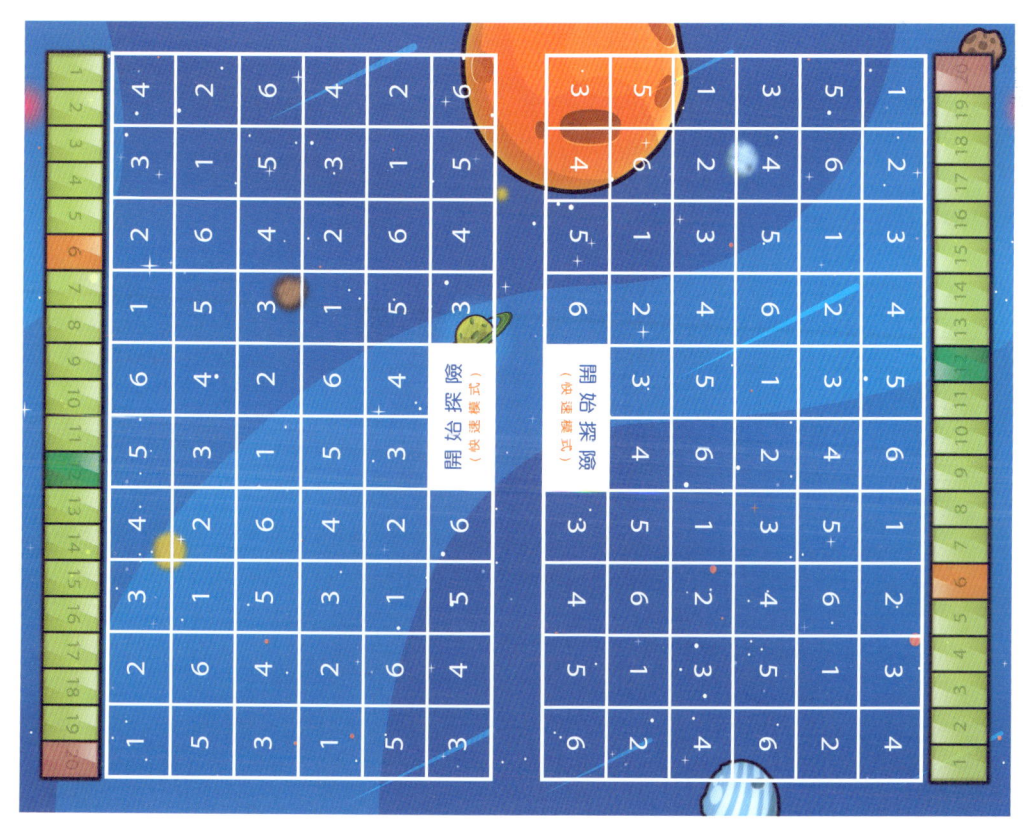

↑ 快速模式適用的星際棋盤

13

2.2 物件介紹

首先先介紹各個物件的名稱並簡單說明，讓大家先熟悉一下，之後再詳細介紹各種卡片的功用。

主要物件

主要物件	名稱	數量	說明
	太空船	4艘	作為玩家於星際棋盤上的操作角色。
	星際棋盤	1式（5片）	為此款遊戲的主要場景，確定布置物件的位置後即可開始探險。
	魔力標記角色	4個	玩家記錄魔力點數時的標記物件。
	飛行船啟動箭頭	4個	此為編輯器的概念，將要執行的卡片依照程式編輯順序放置在此物件下方，用手指輕點「飛行船啟動」後即可執行每張卡片的功能。
	迴圈結束	4張	配合魔力卡中的「飛行卡效果 × N（迴圈開始）」使用的物件，放至迴圈內最後一張卡片下方，代表迴圈結束位置。
	函數	4張	建立函數時使用，代表函數起始位置，將要建立函數的飛行卡放至此物件下方，最多可放4張飛行卡。

布置物件

主要物件	名稱	數量	說明
	小隕石	34 個	此為障礙物，太空船不可直接穿越此物件，只能繞道或使用卡片（光束卡、防護罩卡、消除隕石卡或角色技能）消除障礙。
	大隕石	22 個	
	地球	2 個	太空船先停到對方「地球」的隊伍即宣告獲勝，此回合遊戲結束。
	黑洞	6 個	太空船停到黑洞時，則暫停一回合。

卡片

主要物件	名稱	數量	說明
	魔力卡（2色）	74張（每色/隊37張）	豐富多元的魔力卡，蘊藏著許多運算思維的元素，幫助太空船探險。
	飛行卡（2色）	66張（每色/隊33張）	控制太空船的移動方向。

微課 2　星際探險家物件及卡片介紹

主要物件	名稱	數量	說明
	執行卡（同魔力卡 2 色）	20 張（每色/隊 10 張）	配合條件卡一起使用的執行內容。
	角色卡	9 張	每個角色擁有不同的特殊能力。
	空白條件卡（同魔力卡 2 色）	10 張（每色/隊 5 張）	魔力卡的一種，主要讓玩家學習運算思維，可參考條件卡 1～5，於遊戲開始前，雙方共同設計條件。

主要物件	名稱	數量	說明
	空白執行卡（同魔力卡2色）	10張（每色/隊5張）	配合條件卡使用的執行內容，可參考執行卡1～10，於遊戲開始前，雙方共同設計執行內容。

2.3 認識角色卡

接下來，為大家介紹卡片的功能和使用方式。星際探險家卡牌主要分為下列四種類型：角色卡、飛行卡、魔力卡、執行卡，首先先介紹角色卡及飛行卡。

認識角色卡

此款桌遊的角色卡共有 9 張，每張角色卡的技能都不相同，特別的是角色卡的名稱是依據真實世界中程式語言開發者名字所命名，卡片上呈現的人物模樣也是依據真實世界中的人像 Q 版化，讓玩家透過玩桌遊的過程，認識更多的程式語言名稱及程式語言的開發者。而在遊戲的過程中需透過魔力卡中的「呼叫角色技能」來執行角色的特殊技能，接下來我們就來看看這 9 張角色卡代表的人物是誰，以及他們的特殊技能。

角色卡名稱	吉多
人物介紹	吉多・范羅蘇姆（Guido van Rossum）出生於 1956 年 1 月 31 日（荷蘭哈倫），是 Python 程式設計語言的最初設計者及主要架構師。
角色卡技能	執行一次（飛行卡效果 ×N），將飛行卡放至呼叫角色技能卡下方。

角色卡名稱	布蘭登
人物介紹	布蘭登・艾克（Brendan Eich）出生於 1961 年 7 月 4 日（美國賓夕法尼亞州匹茲堡），是 JavaScript 主要創造者與架構師。
角色卡技能	可抽 2 張對方手牌，將其視為我方的手牌。（補牌時此 2 張不納入手牌計算）

角色卡名稱	拉斯姆斯
人物介紹	拉斯姆斯・勒多夫（Rasmus Lerdorf）出生於 1968 年 11 月 22 日（格陵蘭凱凱塔蘇瓦克），是 PHP 的創始人。
角色卡技能	補牌時，可多抽 2 張魔力卡。

微課 2　星際探險家物件及卡片介紹

角色卡名稱	比雅尼
人物介紹	比雅尼‧史特勞斯特魯普（Bjarne Stroustrup）出生於 1950 年 12 月 30 日（丹麥王國奧胡斯），是創造 C++ 程式語言而聞名，被稱為「C++ 之父」。
角色卡技能	可用 4 張飛行卡控制對方的船，將飛行卡放至呼叫角色技能卡下方。

飛行卡

角色卡名稱	丹尼斯
人物介紹	丹尼斯‧麥卡利斯泰爾‧里奇（Dennis MacAlistair Ritchie）出生於 1941 年 9 月 9 日（美國紐約州布隆克維），是 C 語言的創造者、Unix 作業系統的關鍵開發者。
角色卡技能	執行一次「隕石爆炸」。

隕石爆炸
對方需打出一張光束卡或防護罩卡，若沒有打出光束卡或防護罩則此人暫停 1 回合。

21

角色卡名稱	詹姆斯
人物介紹	詹姆斯・高斯林（James Gosling）出生於 1955 年 5 月 19 日（加拿大卡加利），是 Java 程式語言的共同創始人之一，一般公認他為「Java 之父」。
角色卡技能	暫停對方一回合。

暫停卡
暫停對方下一個回合所有動作。

角色卡名稱	阿蘭
人物介紹	阿蘭・庫珀（Alan Cooper）出生於 1952 年 6 月 3 日（美國加利福尼亞州舊金山），是 Visual Basic 之父。
角色卡技能	消除星際棋盤上任何 2 個小隕石。

微課 2　星際探險家物件及卡片介紹

角色卡名稱	松本
人物介紹	松本行弘（日語：まつもとゆきひろ，別名 Matz）出生於 1965 年 4 月 14 日（日本大阪府），是 Ruby 程式設計語言的主要設計者和實現者。
角色卡技能	補牌時，可多抽 2 張飛行卡。

角色卡名稱	米切爾
人物介紹	米切爾‧瑞斯尼克（Mitchel Resnick）出生於 1956 年 6 月 12 日（美國），是 Scratch 創始人。
角色卡技能	消除星際棋盤上任何 1 個大隕石。

23

挑戰時間 連連看

請將角色卡的人物名字與相對應的程式語言連起來。

角色名稱	程式語言
1. 米切爾・瑞斯尼克 ●	● C 語言
2. 松本行弘 ●	● JavaScript
3. 阿蘭・庫珀 ●	● Visual Basic
4. 吉多・范羅蘇姆 ●	● C++
5. 丹尼斯・麥卡利斯泰爾・里奇 ●	● Scratch
6. 比雅尼・史特勞斯特魯普 ●	● PHP
7. 拉斯姆斯・勒多夫 ●	● Java
8. 詹姆斯・高斯林 ●	● Ruby
9. 布蘭登・艾克 ●	● Python

2.4 認識飛行卡

　　在星際探險家桌遊中使用棋盤格的方式作為太空船的移動場所，而飛行卡是用來控制太空船的移動，每盒「星際探險家」內皆有黃色和藍色 2 種顏色的飛行卡，主要是區分玩家的隊伍，2 個隊伍各自使用一種顏色的飛行卡牌，讓各隊伍抽到的卡片機率是相同的。飛行卡共有 66 張，藍色與黃色各 33 張，其中包含 4 種卡牌分別為：前進 13 張、後退 10 張、左轉 5 張、右轉 5 張。由於在棋盤格中飛行船的行駛具有方向性，大家需注意飛行船的行駛方向，在使用飛行卡時，飛行船行駛的方向即為飛行船頭朝向的那一方，左轉與右轉皆以飛行船當下的行駛方向作為中心點執行向左轉或向右轉。

以下為 4 種飛行卡控制飛行船移動狀況的詳細說明：

前進：使用一張前進卡，可以使飛行船依據當下的行駛方向向前方前進一個格子，範例如下，

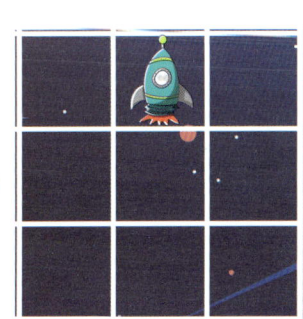

後退：使用一張後退卡，可以使飛行船往後退一個格子，飛行船行駛方向不變，範例如下。

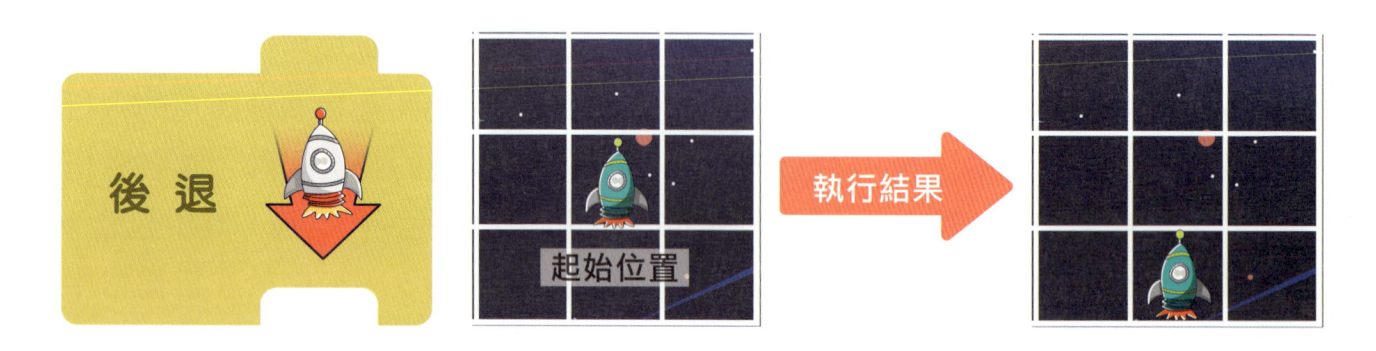

左轉：使用一張左轉卡，以飛行船當下行駛方向為中心點，飛行船在原地格子內向左旋轉 90 度，只更改飛行船行駛方向，不更改飛行船所在的格子位置，範例如下。

右轉：使用一張右轉卡，以飛行船當下行駛方向為中心點，飛行船在原地格子內向右旋轉 90 度，只更改飛行船行駛方向，不更改飛行船所在的格子位置，範例如下。

微課 2　星際探險家物件及卡片介紹

挑戰時間

一、請依據下圖飛行船的「起始位置」作為飛行船啟動的起始點,並執行題目1～6,根據下列6題飛行卡的排放順序,畫出飛行船行駛路線以及最後停止的位置和飛行船的行駛方向。

題目1

1. 前進
2. 前進
3. 右轉
4. 前進
5. 前進
6. 左轉
7. 前進

題目2

1. 右轉
2. 前進
3. 前進
4. 前進
5. 左轉
6. 前進
7. 前進

執行順序由上而下

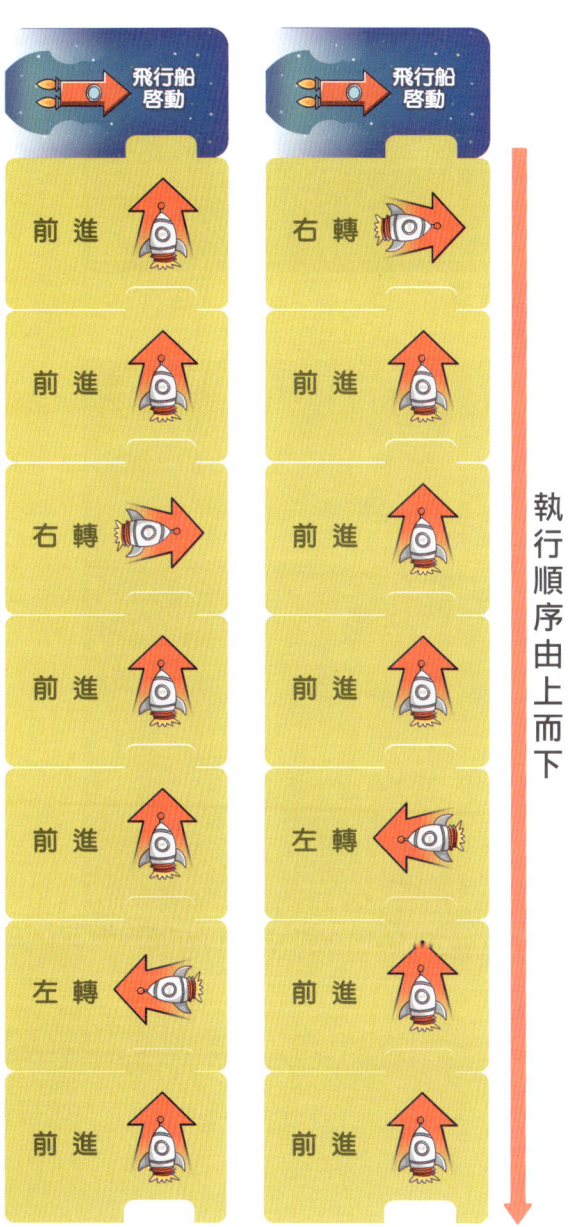

起始位置

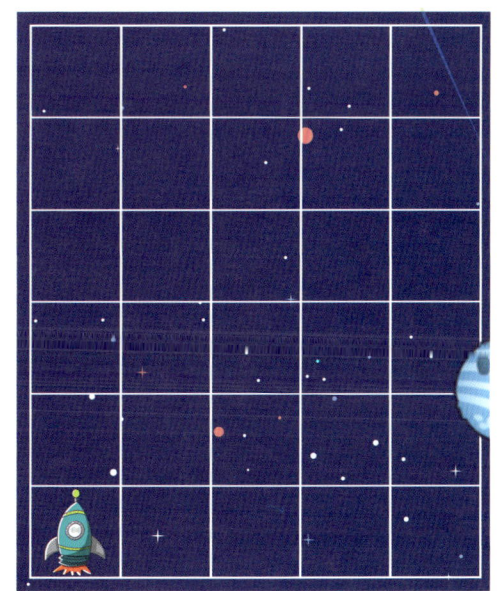

起始位置

27

題目 3　　題目 4

飛行船啟動　　飛行船啟動

題目 3	題目 4
左 轉	右 轉
後 退	前 進
後 退	前 進
右 轉	前 進
前 進	前 進
前 進	右 轉
右 轉	後 退

執行順序由上而下

起始位置

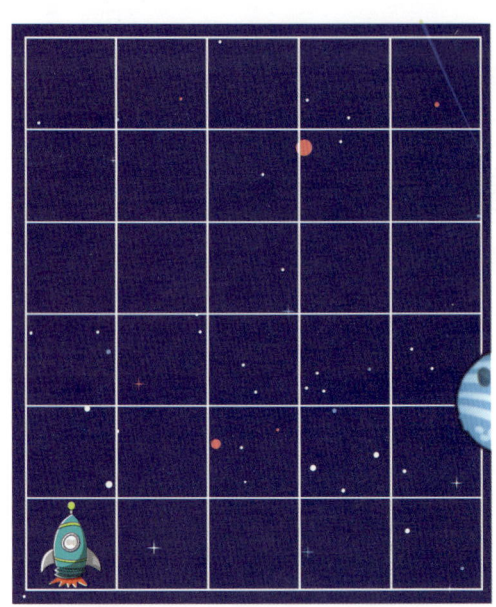

起始位置

微課 2　星際探險家物件及卡片介紹

題目 5

- 飛行船啟動
- 右轉
- 前進
- 右轉
- 後退
- 後退
- 後退
- 後退

題目 6

- 飛行船啟動
- 前進
- 前進
- 右轉
- 右轉
- 後退
- 後退
- 後退

執行順序由上而下

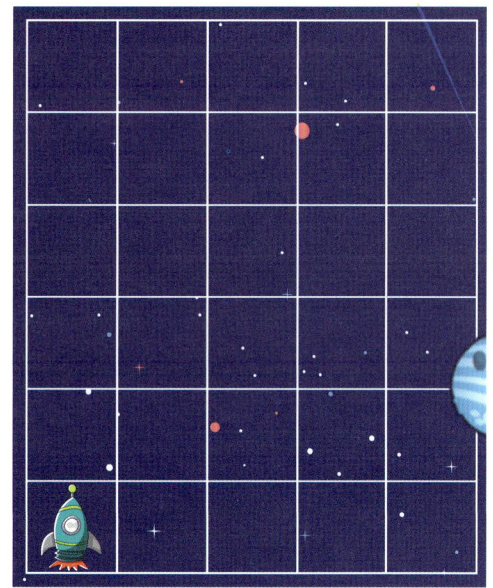

起始位置

起始位置

二、請練習使用飛行卡控制飛行船,並依據下列題目中的路線箭頭將飛行船由「起始位置」行駛到「目標位置」。

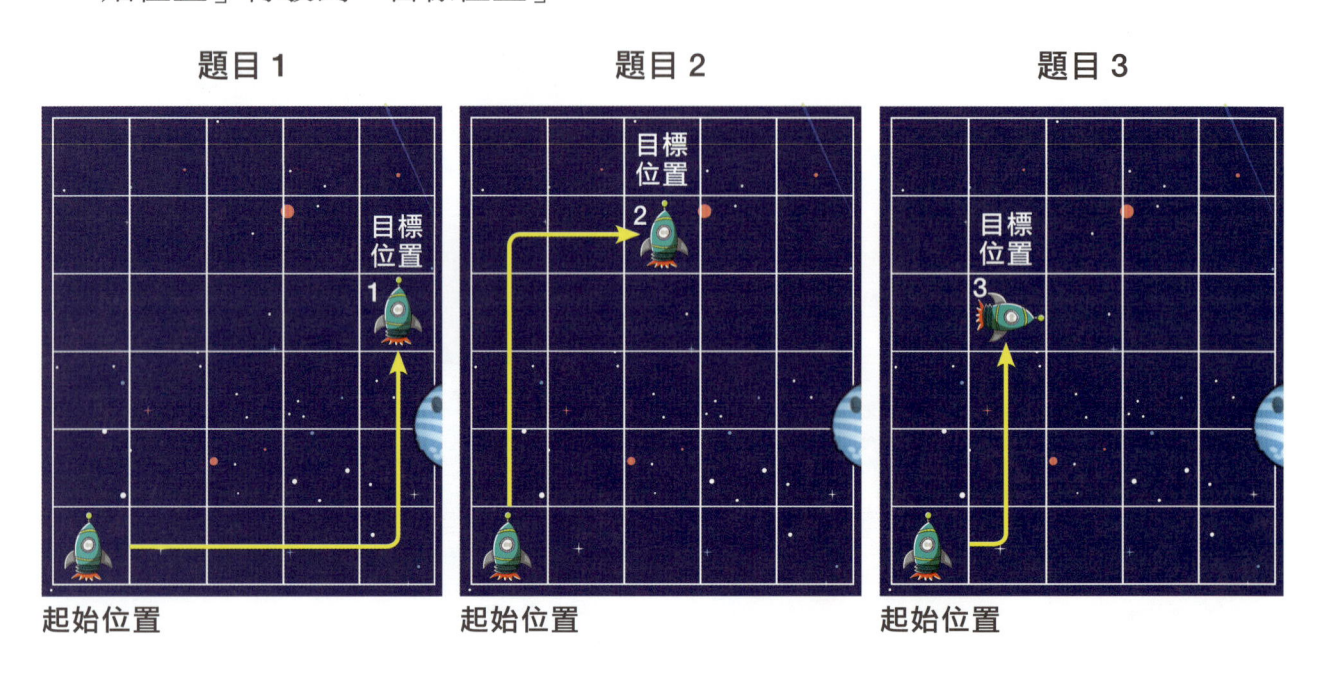

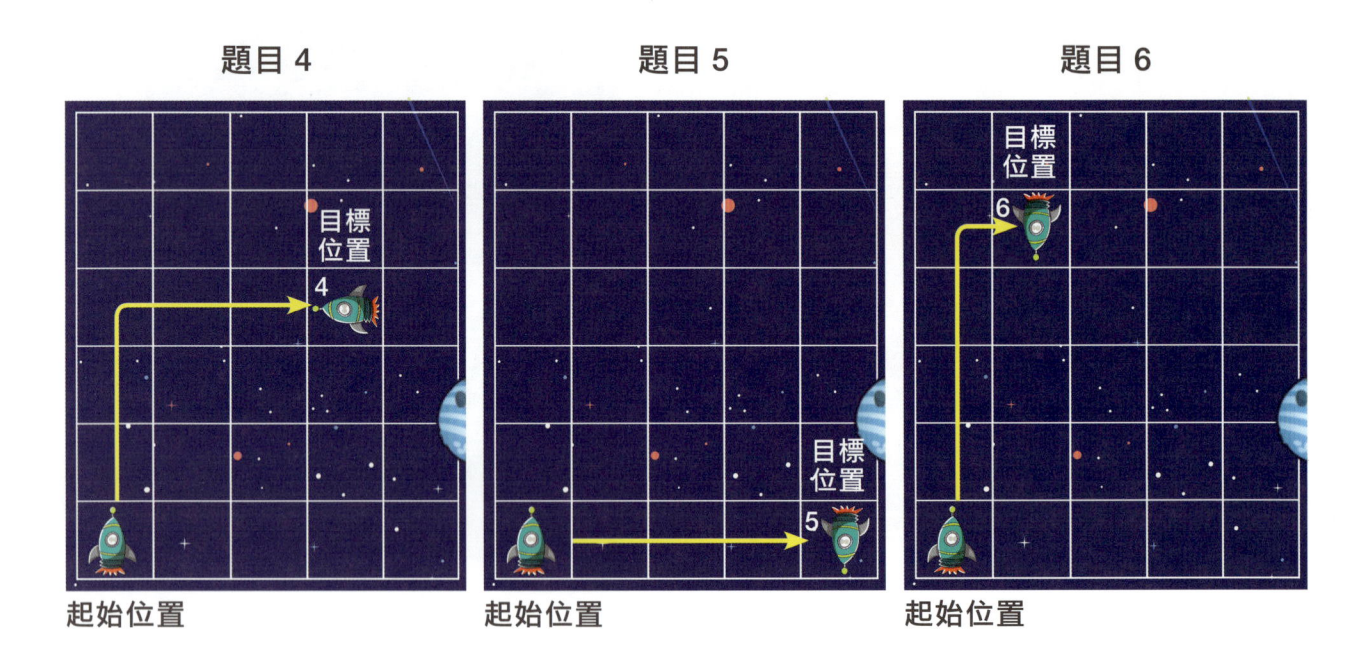

題目 1

題目 2

題目 3

題目 4

題目 5

題目 6

太空人小提示

飛行卡除了訓練左轉、右轉、前進、後退的方向之外,在執行過程中最重要的是含有運算思維序列的概念,就像電腦中的程式語言,需要依照順序由上往下讀取和執行。「星際探險家」桌遊的卡牌形狀使用上凸下凹的設計,與目前多款視覺化程式設計的軟體相似,都是使用積木的形狀進行組合,下圖為 Scratch 畫面範例圖,「星際探險家」桌遊可以讓大家先熟悉序列的概念,之後學習電腦的視覺化程式設計軟體時,可更容易上手。

Scratch 程式範例

當 ▶ 被點擊
移動 30 點
右轉 ⟳ 90 度
移動 30 點
移動 30 點
左轉 ⟲ 90 度
說出 Hello!

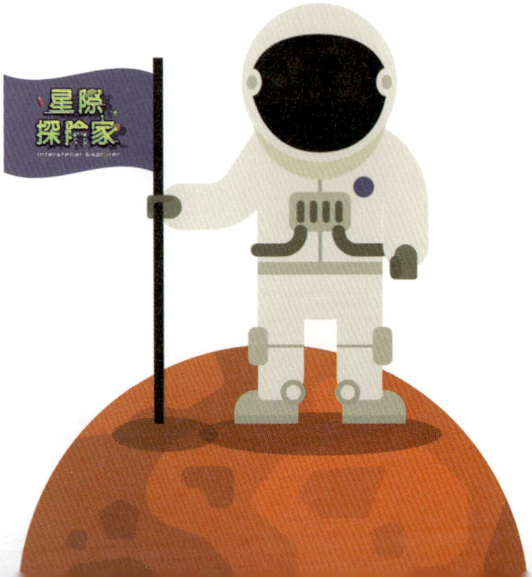
星際
探險家

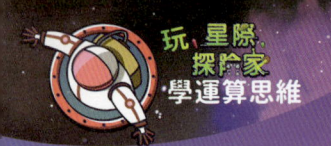

微課 3
程式元素與卡牌介紹
（魔力卡、執行卡、
魔力記錄器）

學習目標
認識星際探險家桌遊物件，學習程式元素—條件、迴圈、函數、平行、事件、運算子與數據運用。

3.1 認識魔力卡

　　「星際探險家」有豐富多元的魔力卡,其中蘊藏著許多運算思維的元素,幫助太空船進行探險,讓玩家透過使用魔力卡來熟悉運算思維的概念。每盒「星際探險家」內皆有紅色和綠色 2 種顏色的魔力卡,2 邊的隊伍各自使用一種顏色的魔力卡,讓各隊伍抽到卡片機率是相同的。紅色與綠色的魔力卡各有 84 張(含空白條件卡),其中含有 28 種卡片,接下來將各別介紹每種卡片的功能。

	卡片名稱	卡片內容
1	新增 1 個小隕石	在星際棋盤上的任一個空格,新增一個小隕石
2	新增 1 個大隕石	在星際棋盤上的任一個空格,新增一個大隕石
3	消除 1 個小隕石	在星際棋盤上,移除任一個小隕石
4	消除 1 個大隕石	在星際棋盤上,移除任一個大隕石
5	暫停魔力卡	對方下一個回合不可使用魔力卡
6	暫停卡	暫停對方下一個回合所有動作
7	望遠鏡看星球	可查看對方的一枚星球
8	條件卡 1	如果(if)我方猜拳贏了
9	條件卡 2	如果(if)出此牌者為女生
10	條件卡 3	如果(if)對方全隊能夠立即在 5 秒內扮醜臉
11	條件卡 4	如果(if)出此牌者為男生
12	條件卡 5	如果(if)此回我方願意唱歌 10 秒

卡片名稱		卡片內容
13	飛行卡效果乘 N（迴圈開始）	迴圈 N 次，將飛行卡依序放至此卡下方，下方卡片重複執行 N 次（N 為太空船執行此卡片時，所在格子內的數字）
14	建立函數卡	將飛行卡（最多 4 張）依執行順序儲存為 1 組函數，預備之後使用「呼叫函數卡」執行（1 人只能有 1 組函數）
15	呼叫函數卡	可呼叫已儲存的函數使用
16	光束卡	可消除前方的大隕石
17	防護罩卡	可消除前方的小隕石
18	控制對方的太空船	將飛行卡放至此卡下方（最多 3 張），可控制對方的飛行船
19	毀滅前方隕石	可移除前方 3 格內的大、小隕石
20	換角色	從剩餘的角色卡堆中任選一張，更換我方的角色卡
21	呼叫角色技能	使用我方角色卡的特殊功能
22	知識挑戰卡	請敵方或第三者提出知識問題，若我方答對可獲得 2 點魔力
23	補給卡	可加 2 點魔力
24	萬用卡	可當作任一張魔力卡使用
25	愛不離手卡	可指定當回合執行序中的任一張卡片，將愛不離手卡放置於此卡前方，執行後將此卡片取回手中
26	隕石爆炸	對方需打出一張光束卡或防護罩卡，若沒有打出光束卡或防護罩則此人暫停 1 回合
27	外星人攻擊	對方需打出光束卡與防護罩卡各一張，若沒有打出光束卡與防護罩卡則此人暫停 1 回合
28	空白條件卡	可參考條件卡 1～5，自行設計條件與結果

> **太空人小提示**
>
> 在運算思維中，事件的概念為一個事件導致另一個事件的發生，每一張魔力卡都可以作為個別的事件來看。

3.2 新增、移除隕石相關卡片

　　由於「星際探險家」的設計是於星際棋盤上使用大隕石和小隕石作為障礙物，所以飛行船在尋找地球星球的過程會遇到大、小隕石的障礙物，此時就可以使用消除大、小隕石功能的魔力卡，消除星際棋盤中的障礙物，讓飛行船可以繼續行駛。除了可以消除隕石之外，還有新增大、小隕石的魔力卡，可在星際棋盤的任一空格上新增大、小隕石，增加對方尋找地球星球的困難度，為我方爭取更多的時間，此類卡片共有 7 種，如下所列。

◆ 新增或消除大小隕石相關的魔力卡

新增 1 個小隕石 ①
在星際棋盤上的任一個空格，新增一個小隕石。

新增 1 個小隕石
在星際棋盤上的任一個空格，新增一個小隕石。

新增 1 個大隕石 ②
在星際棋盤上的任一個空格，新增一個大隕石。

新增 1 個大隕石
在星際棋盤上的任一個空格，新增一個大隕石。

微課 3 程式元素與卡牌介紹

消除 1 個小隕石
③
在星際棋盤上，
移除任一個小隕石。

消除 1 個小隕石
在星際棋盤上，移除任一個小隕石。

消除 1 個大隕石
④
在星際棋盤上，
移除任一個大隕石。

消除 1 個大隕石
在星際棋盤上，移除任一個大隕石。

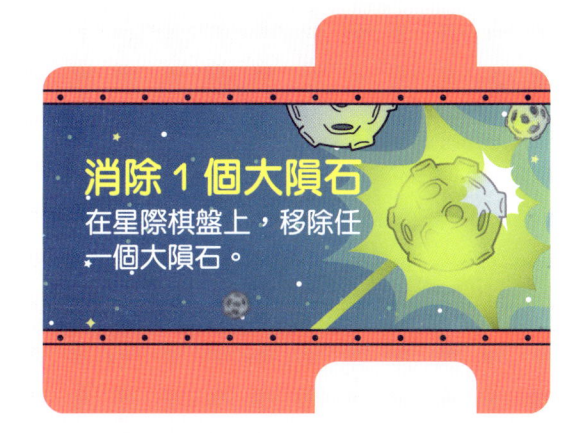

太空人小提示

①～④是沒有方向性限制，可在星際棋盤上任一位置進行新增（需為空格）或移除隕石。

防護罩卡
⑤
可消除前方的小隕石。

防護罩卡
可消除前方的小隕石。

光束卡
⑥
可消除前方的大隕石。

光束卡
可消除前方的大隕石。

毀滅前方隕石
⑦
可移除前方3格內的大、小隕石。

毀滅前方隕石
可移除前方3格內的大、小隕石。

太空人小提示
⑤～⑦需依據飛行船的行駛方向，執行⑤～⑦其中一張卡片時，只能對飛行船當下行駛方向的前方進行移除隕石，不能用在其他方向的隕石。

微課 3　程式元素與卡牌介紹

🔶 防護罩卡使用範例

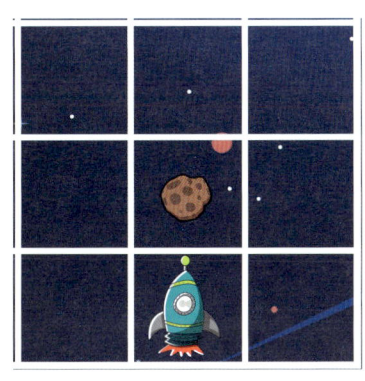

防護罩卡 可消除前方的小隕石。

前進　前進　→ 執行結果

🔶 光束卡使用範例

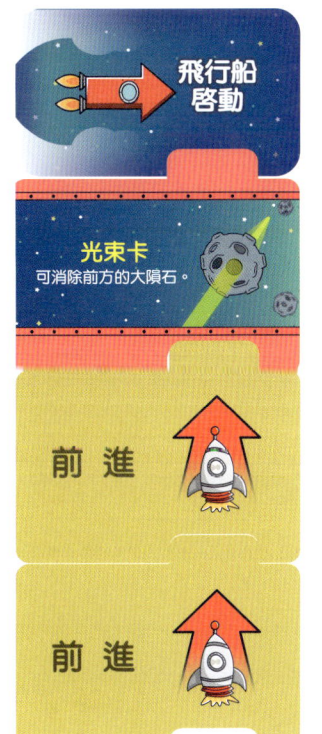

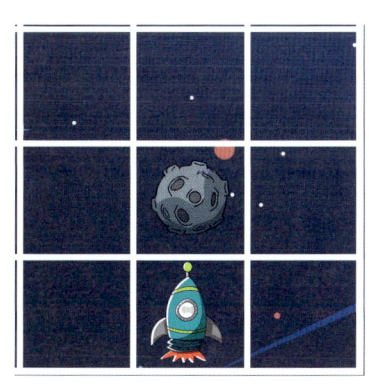

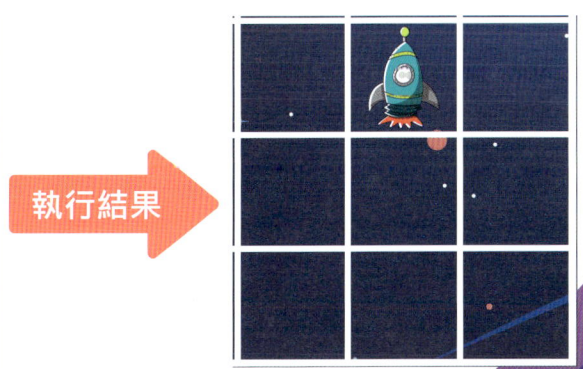

光束卡 可消除前方的大隕石。

前進　前進　→ 執行結果

毀滅前方隕石使用範例

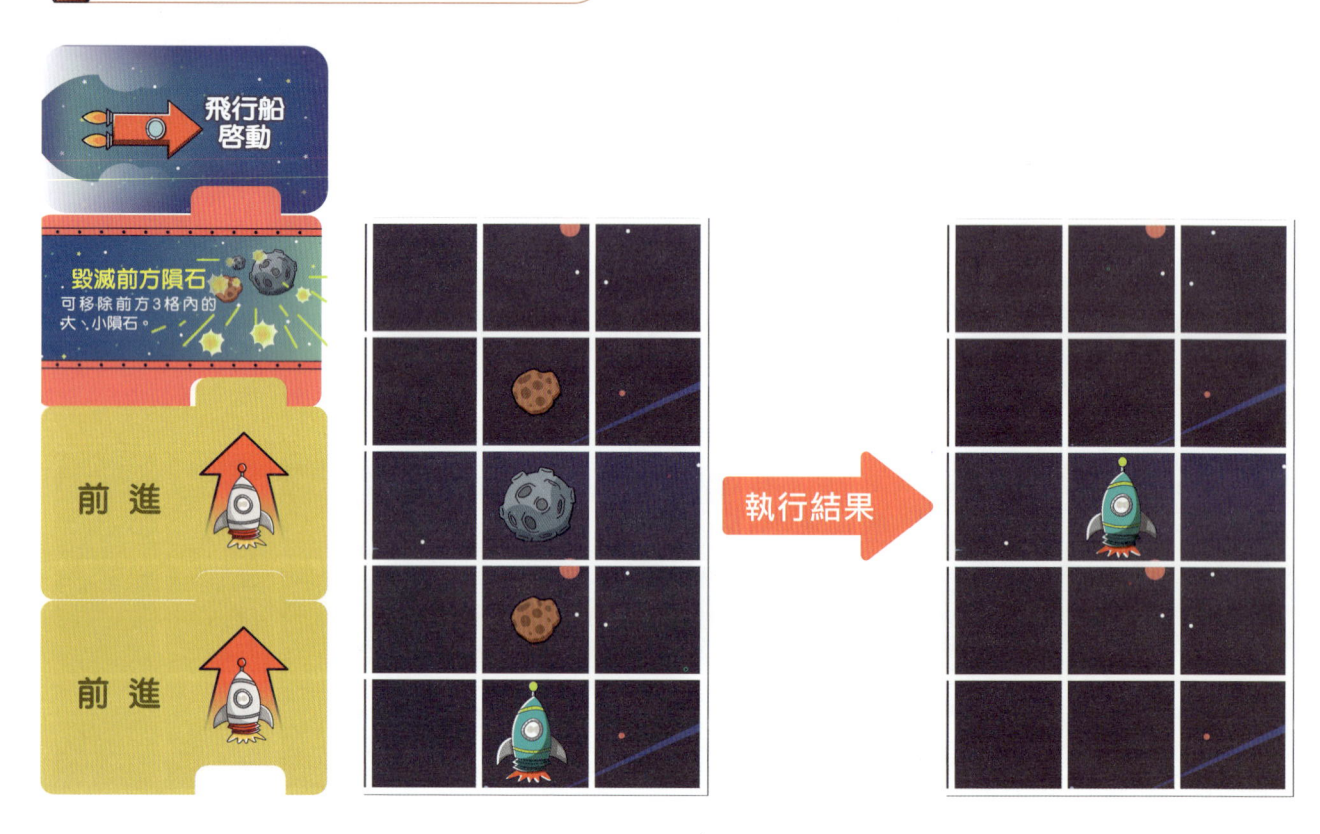

3.3 其他卡牌

知識挑戰卡 ①

請敵方或第三者提出知識問題，若我方答對可獲得 2 點魔力。

在使用此卡時可以請敵方隨意提出一個知識性問題，讓我方回答，答對可獲得 2 點魔力，如果答錯就不能加魔力點數。若想要增加某方面的知識或複習課業，也可以在遊戲開始前，由老師來出題或規定雙方玩家由某本課本內出題，透過玩遊戲來複習功課，增加記憶力。

呼叫角色技能 ②

使用我方角色卡的特殊功能。

此款桌遊有 9 種角色，每個角色的特殊技能都不同，使用此卡牌就能呼叫我方角色卡上的特殊技能。

呼叫角色技能使用範例

米切爾
Scratch創始者
米切爾・瑞斯尼克
Mitchel Resnick

消除星際棋盤上任何1個大隕石。

說明：若我的角色卡為米切爾。

角色卡技能：消除星際棋盤上任何1個大隕石。

執行飛行船啟動時，使用呼叫角色技能卡，就可以消除星際棋盤上任何1個大隕石，移開障礙物。

飛行船啟動

呼叫角色技能
使用我方角色卡的特殊功能。

前進

前進

執行結果

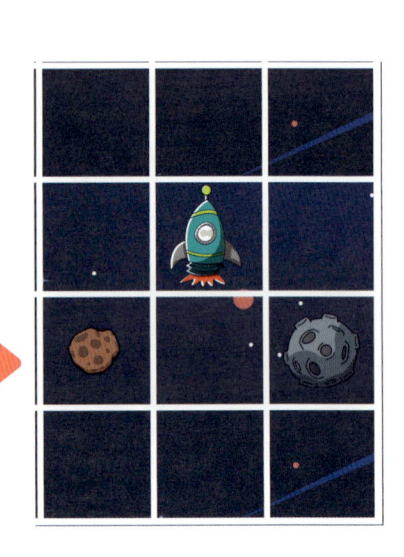

微課 3　程式元素與卡牌介紹

③ 換角色

從剩餘的角色卡堆中任選一張，更換我方的角色卡。

遊戲開始時，每人可隨機抽取一張角色卡，遊戲過程中除了使用換角色卡片之外，不可更改自己的角色，所以若想更換自己的角色，則需使用此卡片來做更換。

換角色
從剩餘的角色卡堆中任選一張，更換我方的角色卡。

④ 暫停卡

暫停對方下一個回合所有動作。

使用暫停卡時，為暫停對方下一回合的所有動作，換句話說，被使用暫停卡的玩家，輪到他執行下一個回合時直接跳過一次，不可執行任何動作。

暫停卡
暫停對方下一個回合所有動作。

⑤ 暫停魔力卡

對方下一個回合不可使用魔力卡。

使用暫停魔力卡時，輪到被使用暫停魔力卡的玩家時，此玩家還是可以執行動作，但飛行船啟動時只可使用飛行卡，不能使用魔力卡，其他補牌、棄牌等的動作仍可執行。

暫停魔力卡
對方下一個回合不可使用魔力卡。

⑥ 控制對方的太空船

將飛行卡放至此卡下方（最多 3 張），可控制對方的飛行船。

此卡為干擾對方飛行船的卡片，可以使用此卡更改對方飛行船的方向及位置，最多可使用 3 張飛行卡，干擾對方已經計畫好的行駛路線。

控制對方的太空船
將飛行卡放至此卡下方（最多 3 張），可控制對方的飛行船。

🔶 控制對方的太空船範例

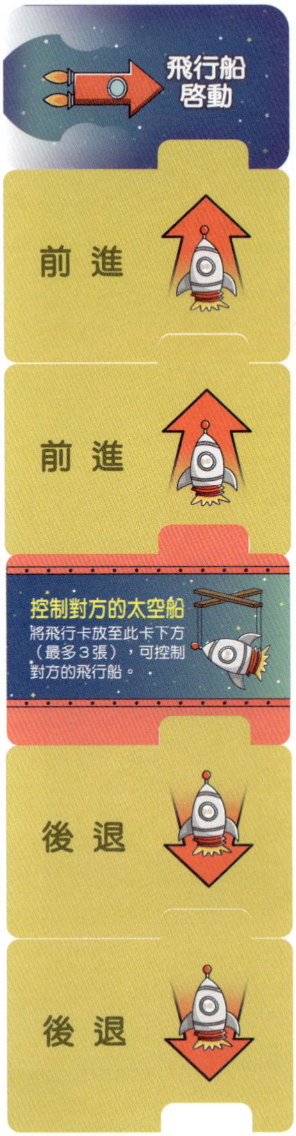

飛行船啟動
- 前進
- 前進
- 控制對方的太空船（將飛行卡放至此卡下方（最多 3 張），可控制對方的飛行船。）
- 後退
- 後退

說明：我方為綠色飛行船，對方為紅色飛行船，若我方出牌順序如左圖，則表示我方前進 2 格，並使用「控制對方的太空船」卡牌讓對方**後退 2 格**。

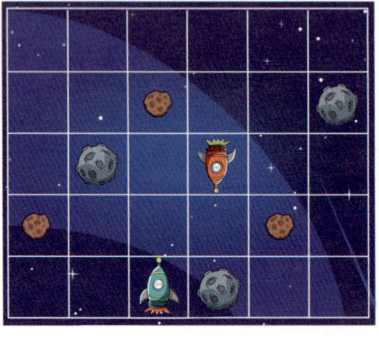

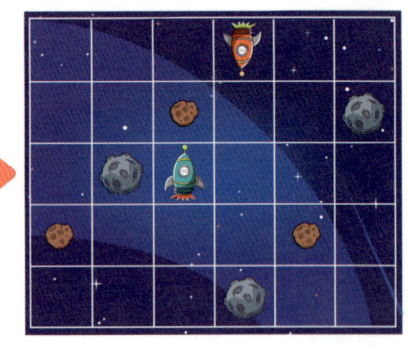

執行結果

太空人小提示

運算思維中平行的概念，是讓多於一件事件同時發生，在 Scratch 中也可以設定多個事件同時發生。

Scratch 程式範例

當 🚩 被點擊
移動 50 點
左轉 ↺ 90 度

當 空白 ▼ 鍵被按下
右轉 ↻ 90 度

說明： 當 🚩 被點擊時執行移動 50 點和左轉 90 度，當空白鍵被按下時執行右轉 90 度。

補給卡 ⑦

可加 2 點魔力。

蒐集魔力點數到達特定的數量時，可以兌換特定的技能，而使用此卡後我方可直接加 2 點魔力點數，加快我方兌換特定技能的速度。

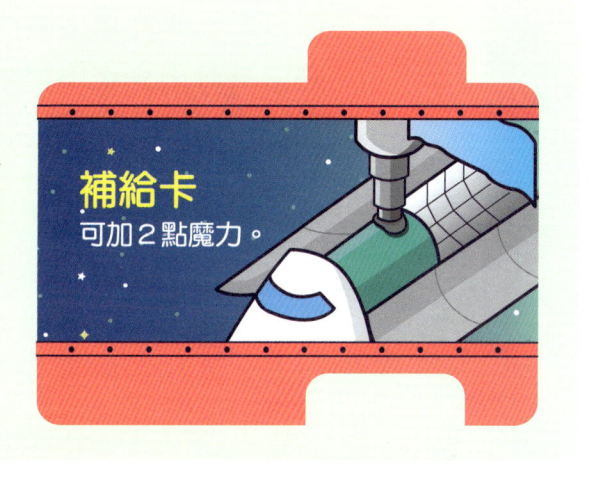

補給卡
可加 2 點魔力。

望遠鏡看星球 ⑧

可查看對方的一枚星球。

因為我方飛行船要到對方布置的場域內尋找地球，但因為星球正面是被覆蓋的，而且有幾個星球是黑洞偽裝，讓人看不出對方將地球藏在哪一個星球內，這時就需使用「望遠鏡看星球」卡牌，來查看對方的一枚星球，讓飛行船不被偽裝的目標吸引，而往陷阱的星球行駛。

望遠鏡看星球
可查看對方的一枚星球。

萬用卡 ⑨

可當作任一張魔力卡使用。

這是一張很特殊的卡片，可以當作任一張魔力卡來使用，當抽不到想要的魔力卡時，抽到這張就可以拿來使用，是一張非常強大的魔力卡。

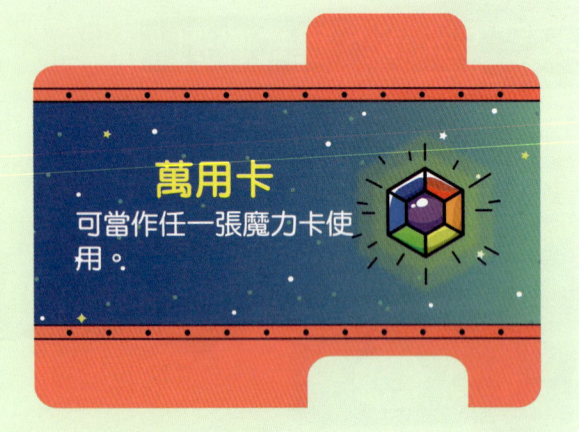

萬用卡
可當作任一張魔力卡使用。

隕石爆炸 ⑩

對方需打出一張光束卡或防護罩卡，若沒有打出光束卡或防護罩則此人暫停1回合。

隕石爆炸主要訓練玩家在運算思維中「or」的邏輯概念。

執行「隕石爆炸」時對方須打出一張光束卡或防護罩卡，意思是只要打出光束卡、防護罩卡這兩張卡牌**其中一張**就可以了，也就是「or」的概念，若沒有的話就會被暫停一回合。

隕石爆炸
對方需打出一張光束卡或防護罩卡，若沒有打出光束卡或防護罩則此人暫停1回合。

太空人小提示

運算思維中的運算子，包含數學及邏輯表達式的運算符號，例如：加（＋）、減（－）、乘（×）、除（÷）、餘數（%）、AND 及（&&）、OR 或（||）、NOT 反向（!）、大於（>）、大於等於（≥）、小於（<）、小於等於（≤）、等於（=）、不等於（≠）……等。

外星人攻擊 ⑪

對方需打出光束卡與防護罩卡各一張，若沒有打出光束卡與防護罩卡則此人暫停 1 回合。

外星人攻擊主要訓練玩家在運算思維中「and」的邏輯概念。

執行「外星人攻擊」需要打出光束卡與防護罩卡各一張共 2 張，也就是「and」的概念，若沒有打出這 2 張卡牌的話就會被暫停一回合，最後將對方打出的卡牌丟入棄牌堆中。

外星人攻擊
對方需打出光束卡與防護罩卡各一張，若沒有打出光束卡與防護罩卡則此人暫停 1 回合。

Scratch 程式範例

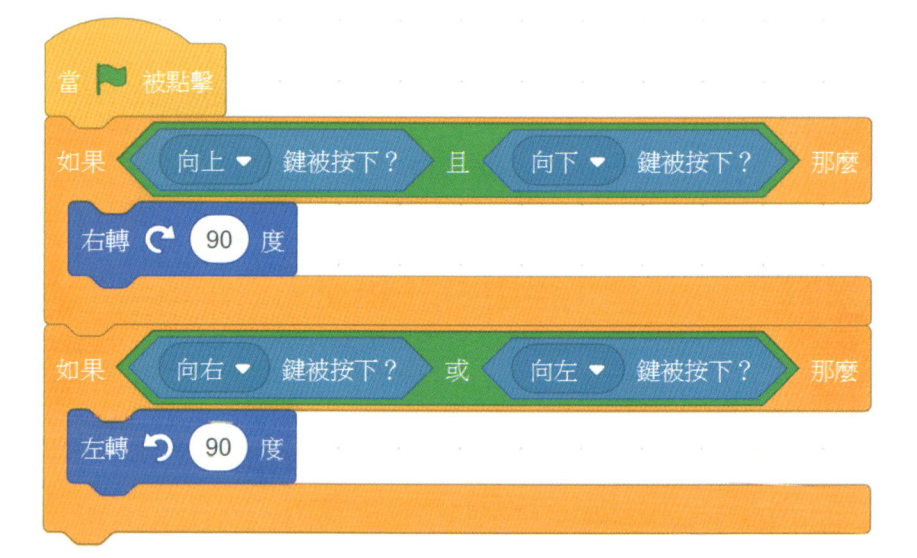

```
當 ▶ 被點擊
如果 〈 向上▼ 鍵被按下？ 〉 且 〈 向下▼ 鍵被按下？ 〉 那麼
    右轉 ↻ 90 度

如果 〈 向右▼ 鍵被按下？ 〉 或 〈 向左▼ 鍵被按下？ 〉 那麼
    左轉 ↺ 90 度
```

說明：當 ▶ 被點擊時，若「向上」和「向下」鍵都被按下，則執行右轉 90 度，如果只單按「向上」或「向下」鍵則不會執行右轉 90 度；若單按「向右」或「向左」鍵，會執行左轉 90 度，如果一起「向右」和「向左」鍵一起按，也會執行左轉 90 度。

飛行卡效果乘 N（迴圈開始） ⑫

迴圈 N 次，將飛行卡依序放至此卡下方，下方卡片重複執行 N 次（N 為太空船執行此卡片時，所在格子內的數字）。

此卡為運算思維中重複的概念，在程式設計裡面將這重複的動作稱為迴圈，使用迴圈時需要清楚的知道哪些動作要進行重複執行，所以必須要知道迴圈從哪裡開始和到哪裡結束，而「飛行卡效果乘 N」就代表著「迴圈開始」，將要執行重複的動作放到這張卡片下方，因為這張卡片是針對飛行卡的效果，所以在這個迴圈內只可以放置飛行卡，不能放魔力卡；最後迴圈結束的時候，也就是設置完需要重複的飛行卡，要在迴圈內最後一張飛行卡下方放置一個「迴圈結束」的物件，範例如下頁。

飛行卡效果乘 N（迴圈開始）
迴圈 N 次，將飛行卡依序放至此卡下方，下方卡片重複執行 N 次。（N 為太空船執行此卡片時，所在格子內的數字）。

xN

迴圈結束

微課 3　程式元素與卡牌介紹

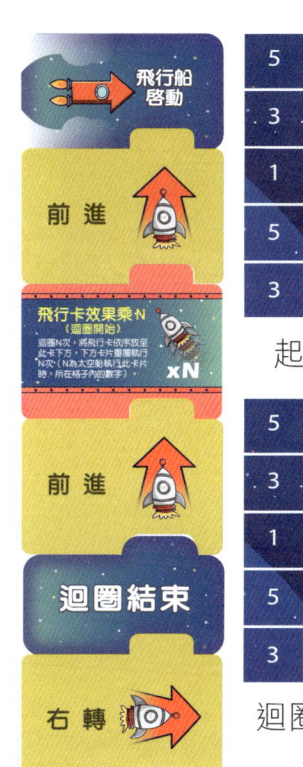

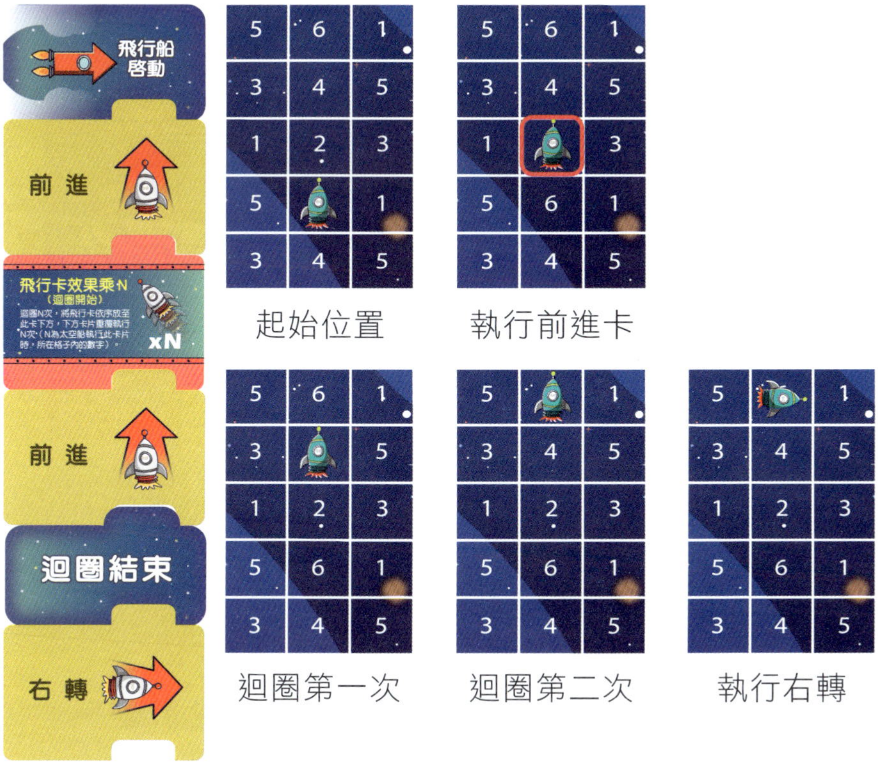

起始位置　　執行前進卡

迴圈第一次　　迴圈第二次　　執行右轉

太空人小提示

執行「飛行效果卡乘 N」時，因此時所在位置的格子數為 2，所以 N 等於 2，則飛行效果 x2 次。

在電腦的程式裡面也經常使用**重複**的概念，而在視覺化程式設計中迴圈的樣式通常為一個中間有空間可以將其他積木放入內部的樣式，將需要重複的內容放置積木中間，並於積木上方設定重複次數。

Scratch 程式範例

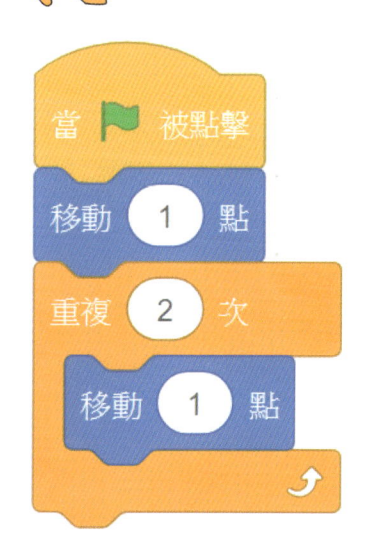

說明：將「移動 1 點」放入「重複」積木中間的空間，設定重複次數 2 次，即總共移動 1+1=2 點。

愛不離手卡 ⑬

可指定當回合執行序中的任一張卡片，將愛不離手卡放置於此卡前方，執行後將此卡片取回手中。

原本執行後的卡片都要丟入棄牌堆，但如果使用了「愛不離手卡」可以將放置於愛不離手卡後方的卡片取回到手牌中。

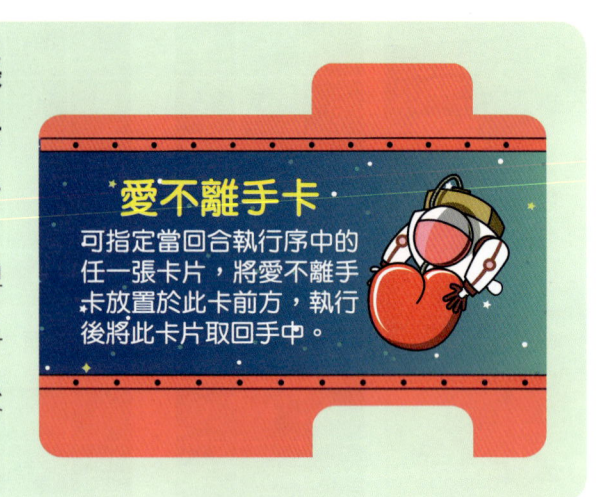

愛不離手卡
可指定當回合執行序中的任一張卡片，將愛不離手卡放置於此卡前方，執行後將此卡片取回手中。

🔶 愛不離手卡使用範例

說明： 因為「消除 1 個大隕石」放置於愛不離手卡後方，所以可以將「消除 1 個大隕石」再拿回手中，其餘的卡片執行後則需丟入棄牌堆。

飛行船啟動

前進

前進

愛不離手卡
可指定當回合執行序中的任一張卡片，將愛不離手卡放置於此卡前方，執行後將此卡片取回手中。

消除 1 個大隕石
在星際棋盤上，移除任一個大隕石。

微課 3　程式元素與卡牌介紹

建立函數卡 ⑭

將飛行卡（最多 4 張）依執行順序儲存為 1 組函數，預備之後使用「呼叫函數卡」執行（1 人只能有 1 組函數）。

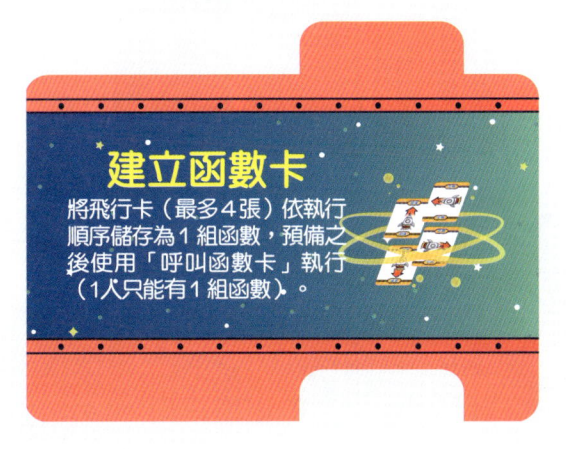

呼叫函數卡 ⑮

可呼叫已儲存的函數使用。

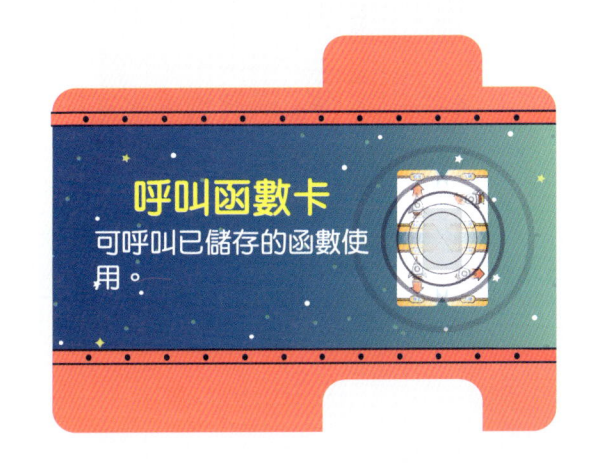

函數卡使用範例

「建立函數卡」代表可建立一組由「飛行卡」組成的路徑函數（最多放置 4 張飛行卡），之後**每回合可更改函數順序或更換飛行卡**，執行建立函數卡時，首先先拿取「函數」物件放在我方桌前，如右圖所示。

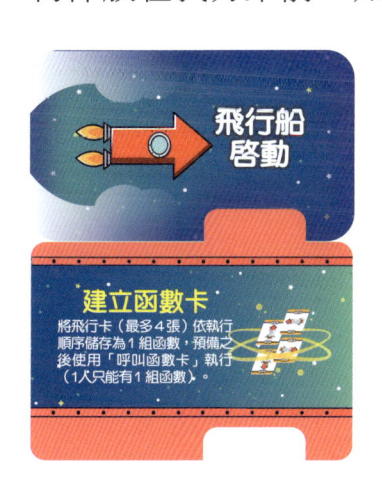

函數

前進
前進
右轉
前進

函數內容（最多放置 4 張飛行卡）

51

建立後可使用「呼叫函數卡」執行函數內容，函數內容執行後不需丟至棄牌區，可重複呼叫。執行結果如下圖所示。

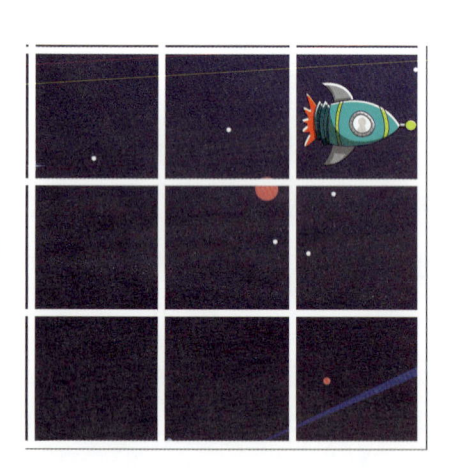

太空人小提示

使用函數前必須先建立函數的內容，才可以透過呼叫函數來使用。

Scratch 程式範例

條件卡 ⑯

魔力卡中的「條件卡」需搭配「執行卡」一起使用，我們先來看看條件卡與執行卡有哪些，再來說明如何使用。魔力卡中已經設定好內容的條件卡有 5 種，空白條件卡每隊各有 5 張，內容如下：

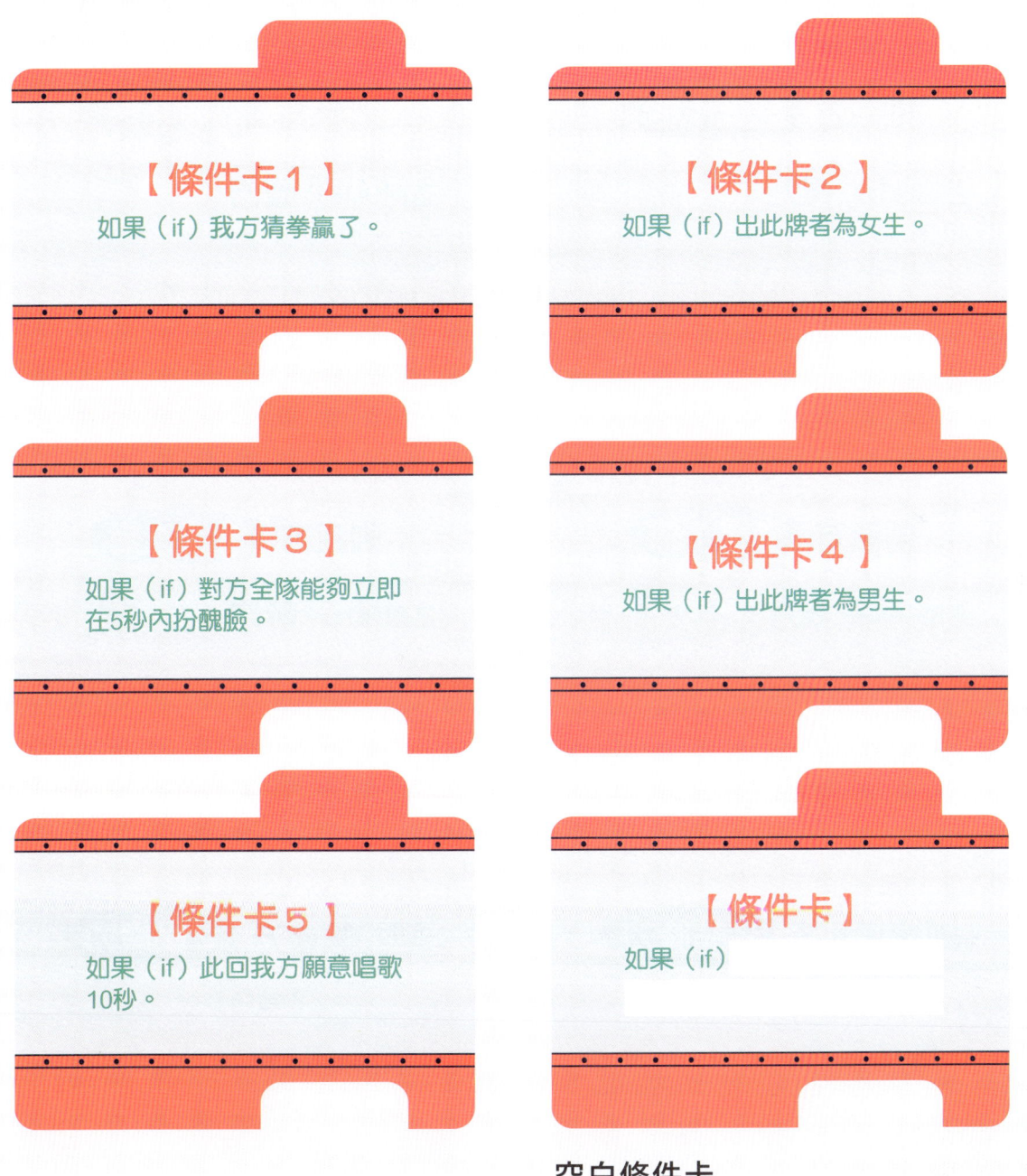

【條件卡 1】
如果（if）我方猜拳贏了。

【條件卡 2】
如果（if）出此牌者為女生。

【條件卡 3】
如果（if）對方全隊能夠立即在5秒內扮醜臉。

【條件卡 4】
如果（if）出此牌者為男生。

【條件卡 5】
如果（if）此回我方願意唱歌10秒。

【條件卡】
如果（if）

空白條件卡

可參考條件卡 1～5，自行設計。

執行卡 ⑰

執行卡中已經設定好內容的執行卡有 10 種，空白執行卡每隊各有 5 張，內容如下：

執行卡 1
則我方 前進 1 格
否則(else) 敵方 前進 1 格

執行卡 2
則我方 前進 2 格
否則(else) 我方 前進 1 格

執行卡 3
則敵方 後退 1 格
否則(else) 我方 後退 2 格

執行卡 4
則我方 後退 1 格
否則(else) 敵方 後退 1 格

執行卡 5
則增加我方 2 點魔力
否則(else) 增加我方 1 點魔力

執行卡 6
則扣除敵方 2 點魔力
否則(else) 扣除敵方 1 點魔力

微課 3　程式元素與卡牌介紹

執行卡 ⑰

執行卡 7
則可丟棄我方 1 張飛行卡再從牌堆中抽 2 張飛行卡否則（else）可抽取敵方飛行卡 1 張丟入棄牌堆中

執行卡 8
則可丟棄 1 張手中的魔力卡再從牌堆中抽 2 張魔力卡，否則（else）可抽一張飛行卡

執行卡 9
則任意抽取一人的手牌 1 張作為自己的牌，否則（else）任意抽取敵方的手牌 1 張丟至棄牌堆中

執行卡 10
則可刪除棋盤上任意一個小隕石否則（else）在棋盤上任意增加一個小隕石

空白執行卡
則＿＿＿＿
否則＿＿＿＿

可參考執行卡 1～10，自行設計。

遊戲開始進行第一回合前，每隊會拿到 3 張執行卡，而**執行卡需使用過才可丟入執行卡的棄牌堆中**，再重新抽取，未使用過的執行卡不可棄牌。條件卡與執行卡的應用，為運算思維中條件的概念，魔力卡中的條件卡作為判斷條件，執行卡則是代表不同的結果需要執行的動作。所以魔力卡中的「條件卡」需搭配「執行卡」一起使用，使用條件卡時，需要搭配一張執行卡置於條件卡下方，如下圖範例，條件卡 1：如果我方猜拳贏了，則扣除敵方 2 點魔力，否則扣除敵方 1 點魔力。

【條件卡 1】
如果（if）我方猜拳贏了。
則扣除敵方 2 點魔力
否則(else)
扣除敵方 1 點魔力

【條件卡 1】
如果（if）我方猜拳贏了。
則我方 前進 1 格
否則(else) 敵方 前進 1 格

太空人小提示
運算思維中條件的概念，主要用來判斷是否達到條件，並指定達成條件與未達成時需要個別執行某些的動作。

Scratch 程式範例

當 🚩 被點擊
如果 碰到顏色 ⬤ ? 那麼
　　右轉 ↻ 90 度
否則
　　左轉 ↺ 90 度

說明：
如果碰到綠色那麼進行右轉 90 度，否則進行左轉 90 度。

3.4 魔力點數記錄器

　　魔力點數記錄器主要是模擬電腦中記憶體的概念，可以進行**取出、更改、存入**的功能。星際棋盤兩邊有 1～20 數字的格子，每位玩家有與自己飛行船相同顏色的魔力標記點數，用來放在魔力點數記錄器上記錄各玩家的魔力點數。玩家在每回合「飛行船啟動」中若有使用魔力卡，每用 1 張魔力卡則增加 1 點魔力，並於回合結束前更新魔力記錄器中的魔力點數，若更新後魔力點數達成兌換條件，可決定是否進行兌換或繼續累積，最多累積至 20 點。

兌換規則

- **6 點**：可任意刪除星際棋盤上的一個小隕石。
- **12 點**：可任意刪除星際棋盤上的一個大隕石或二個小隕石。
- **20 點**：可任意刪除星際棋盤上的一個大隕石或二個小隕石，且任意增加一個大隕石或二個小隕石。

兌換後將扣除魔力點數，並將魔力標記角色放回 1 的位置。

> **太空人小提示**
> 運算思維中運算數據的概念為儲存、取回及更新數據的運用。

Scratch 程式範例

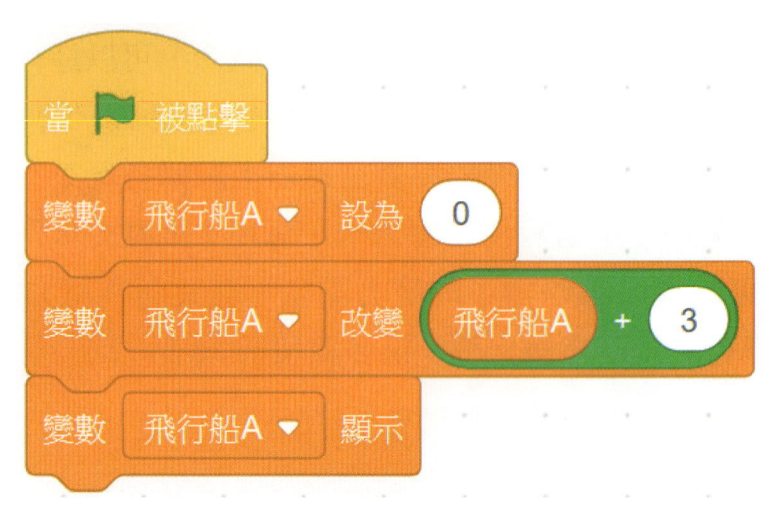

```
當 ▶ 被點擊
變數 [飛行船A▼] 設為 (0)
變數 [飛行船A▼] 改變 (飛行船A + 3)
變數 [飛行船A▼] 顯示
```

說明：先設定一個變數名稱為「飛行船 A」並設為 0，然後讀取「飛行船 A」的數值並加 3，也就是 0+3=3，再將 3 儲存為飛行船 A 的數值，最後讀取「飛行船 A」的數值顯示出來，「飛行船 A」最後會顯示 3。

微課 3　程式元素與卡牌介紹

挑戰時間

一、請從魔力卡牌堆中找出下面所列出的魔力卡卡片。
　　隕石爆炸、飛行船效果乘 N、暫停卡、光束卡、建立函數卡、呼叫角色技能、愛不離手卡、新增 1 個大隕石、知識挑戰卡、補給卡。

二、請使用魔力卡與飛行卡（不限張數），控制飛行船從圖中「起始位置」行駛至「目標位置」。

目標位置

起始位置

三、請先建立一組函數內容（最多四張飛行卡），再使用「呼叫函數卡」練習第二題。

四、承上題，請計算你在第三題的答案中，共可獲得多少點的魔力點數？

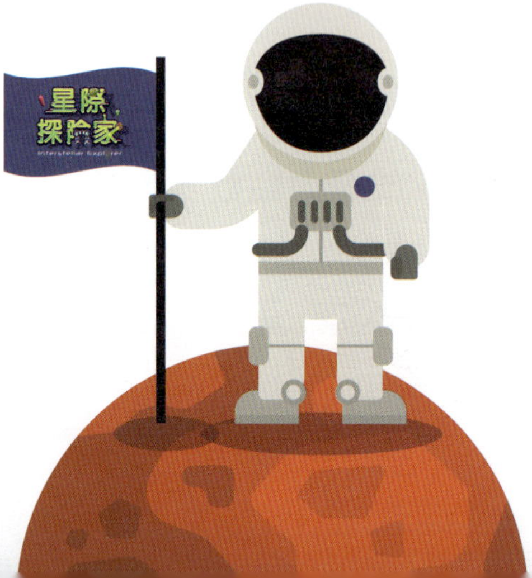
星際
探險家

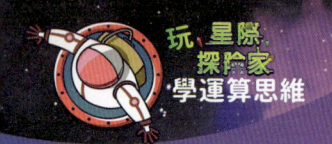

微課 4

星際探險家玩法解說
—基礎模式、快速模式

學習目標
1. 整合各項程式元素進行程式執行之撰寫。
2. 透過競爭活動增進學童對於程式撰寫的興趣與技巧。

4.1 基礎模式

探險說明

玩家分為兩隊,星際棋盤兩邊「開始探險」格子為太空船出發起始點,遊戲過程中玩家需使用卡片的功能,讓太空船前進且消除障礙物件,先停到對方地球的太空船,則該玩家(隊伍)獲勝,遊戲即結束。

探險前準備

Step 1 分為兩隊

若有 2 位玩家:每人各選一艘太空船。

若有 4 位玩家:每人可各選一艘太空船或 2 人組成一隊,每隊各選一艘太空船,2 人一同控制一艘太空船。

選好之後將太空船下方藍色凸出處插至圓型底座內,如下圖。

Step 2　準備星際棋盤

拿出 5 片分開的星際棋盤，組合成一個完整的星際棋盤，將標示「基礎模式」字樣那面朝上。

組裝前

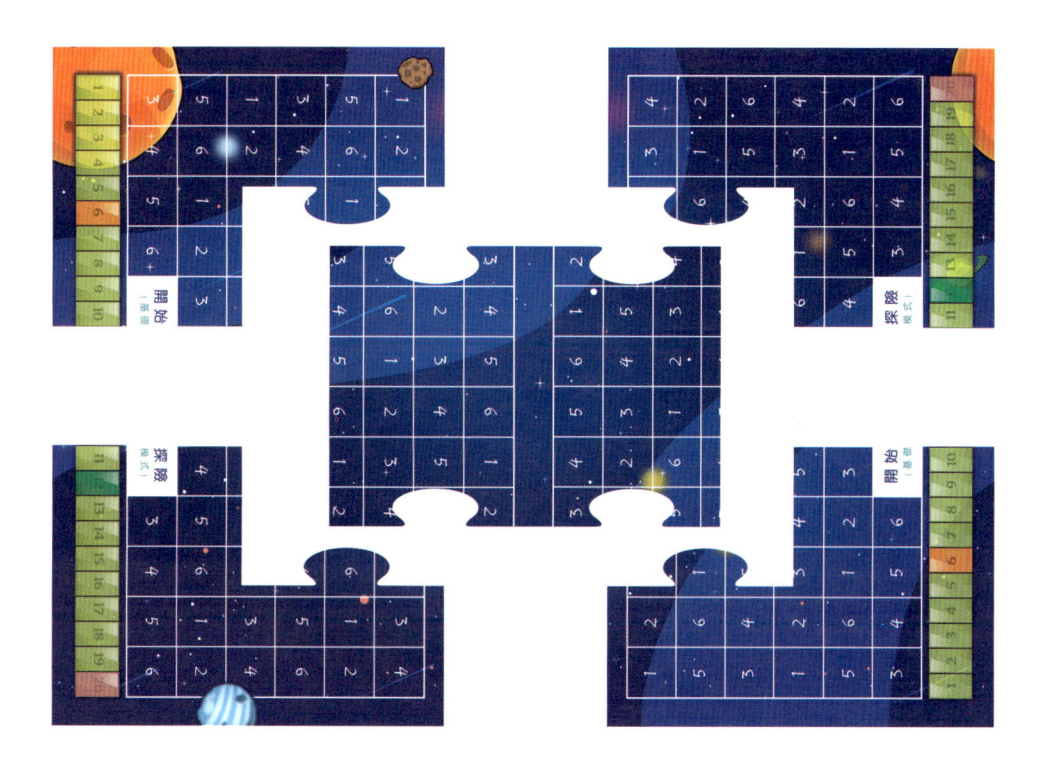

組裝後

Step 3 布置卡片

將魔力卡、飛行卡、執行卡、角色卡拿出放置棋盤周邊,魔力卡、飛行卡、執行卡此三種卡片皆分成 2 個顏色,每隊各選一個顏色作為使用。

Step 4 布署太空船

將太空船放置星際棋盤「開始探險」位置(2 格任選 1 格放置太空船),並拿取相同顏色的魔力標記角色,將魔力標記角色下方藍色凸出處插至圓型底座內,放至星際棋盤兩側數字 1 的格子內,如下圖。每艘太空船各拿一個「飛行船啟動」物件置於自己桌前。

微課 4 星際探險家玩法解說─基礎模式、快速模式

Step 5 布置物件

每隊拿取下列布置物件的指定數量，在星際棋盤上自由布置我方半邊的星空區域，小隕石、大隕石圖案朝上，使我方與對方皆可看到，不需隱藏；地球、黑洞圖案朝下，不可讓對方看見。

每隊布置物件數量			
小隕石	14 個	地球	1 個
大隕石	8 個	黑洞	3 個

布置參考範例

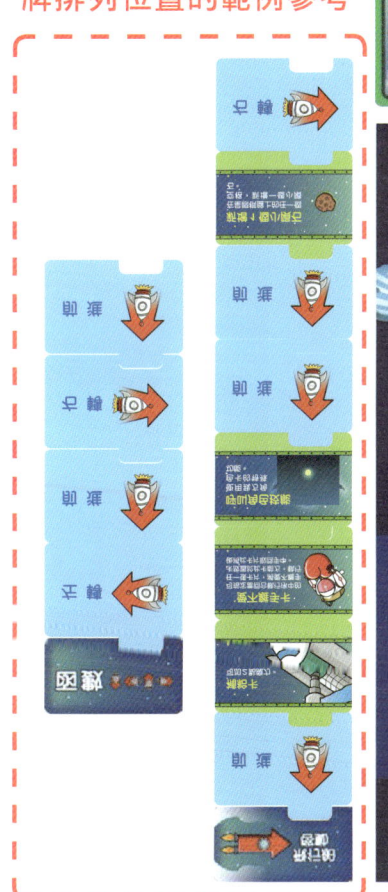

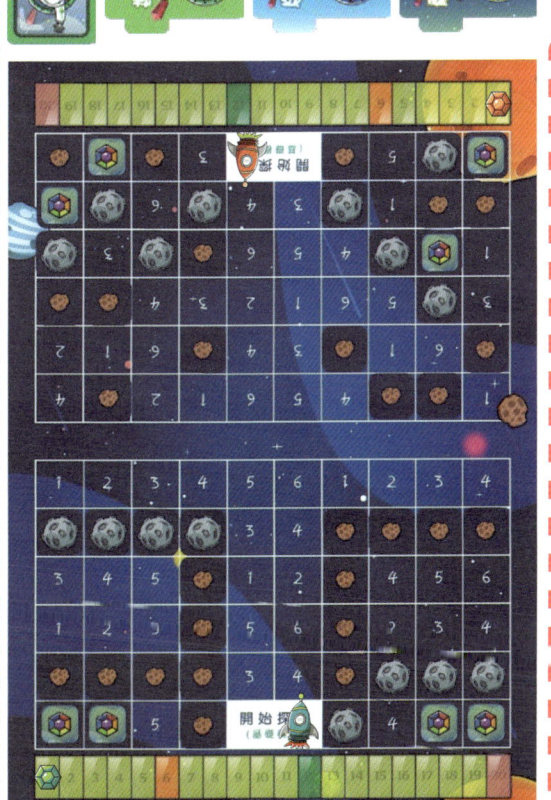

虛線區為玩家出牌時卡牌排列位置的範例參考

虛線區為玩家出牌時卡牌排列位置的範例參考

🔶 探險開始

首先，雙方 2 隊隊伍先猜拳決定執行回合順序，接下來每回合依據下列順序執行動作。

每回合，需執行下列動作：

1. 飛行船啟動

將欲使用的飛行卡與魔力卡依照執行順序（由上至下）排列於「飛行船啟動」物件下方，再用手指輕點「飛行船啟動」，表示開始執行，啟動後不可反悔和調換順序，執行結束後，將執行後的卡片丟入棄牌堆中，如右圖。

2. 函數

可使用「建立函數卡」在我方桌前建立一組由「飛行卡」組成的路徑函數（最多放置 4 張飛行卡），若已有建立函數者，則可在每回合結束前任意更改順序或更換函數內的飛行卡，如右圖。

3. 棄牌或留牌

每回合可自行決定要保留或丟棄手上未使用過的牌，將不要的牌丟棄至棄牌堆中。若有使用到對方的顏色卡牌，棄牌時需放置對方卡牌的棄牌堆中，未使用的執行卡不可棄牌。

⬆ 函數

⬆ 飛行船啟動

4. 補牌

補滿手牌至 4 張飛行卡、4 張魔力卡與 3 張執行卡。

5. 魔力點數

星際棋盤兩邊有 1～20 數字的格子，可記錄魔力點數，每回合「飛行船啟動」中若有使用魔力卡，每用 1 張魔力卡則增加 1 點魔力，並於回合結束前更新魔力記錄器中的魔力值，若更新後魔力點數達成兌換條件，可決定是否進行兌換或繼續累積，最多累積至 20 點。

◆ 兌換規則

- **6 點**：可任意刪除星際棋盤上的一個小隕石。
- **12 點**：可任意刪除星際棋盤上的一個大隕石或二個小隕石。
- **20 點**：可任意刪除星際棋盤上的一個大隕石或二個小隕石，且任意增加一個大隕石或二個小隕石。

兌換後將扣除魔力點數，並將魔力標記角色放回 1 的位置。

🔶 探險結束

當任一方的太空船停到對方的「地球」位置時，則該隊伍獲勝，探險結束。

若太空船停到黑洞的位置時，執行黑洞的功能暫停一回合，並將黑洞物件從星際棋盤上移除。

太空人小提示

1. 太空船不可橫跨障礙物（太空船、隕石、地球、黑洞）或移出至棋盤外。
2. 不論是受對方攻擊或執行「飛行船啟動」時，若太空船撞到障礙物或棋盤邊界，則表示此為 Bug，太空船需停止移動，並停止後續執行動作，直接強制結束執行。

挑戰時間

- 請 2 人一組，依據上面基礎模式的說明開始進行練習，時間約 30～40 分鐘。

4.2 快速模式

探險說明

玩家分為兩隊，星際棋盤兩邊「開始探險」格子為太空船出發起始點，遊戲過程中玩家需使用卡片的功能，讓太空船前進且消除障礙物件，先停到對方地球的太空船，則該玩家（隊伍）獲勝，遊戲即結束。

探險前準備

「快速模式」的遊戲方式大部分與「基礎模式」相同，只有使用的星際棋盤不同。拿出 5 片分開的星際棋盤，組合成一個完整的星際棋盤，但將標示「快速模式」字樣那面朝上，並把我方太空船放至對方布置區域的「開始探險」格子內，魔力標記角色放置我方布置區域的魔力記錄器 1 的位置。

組裝前

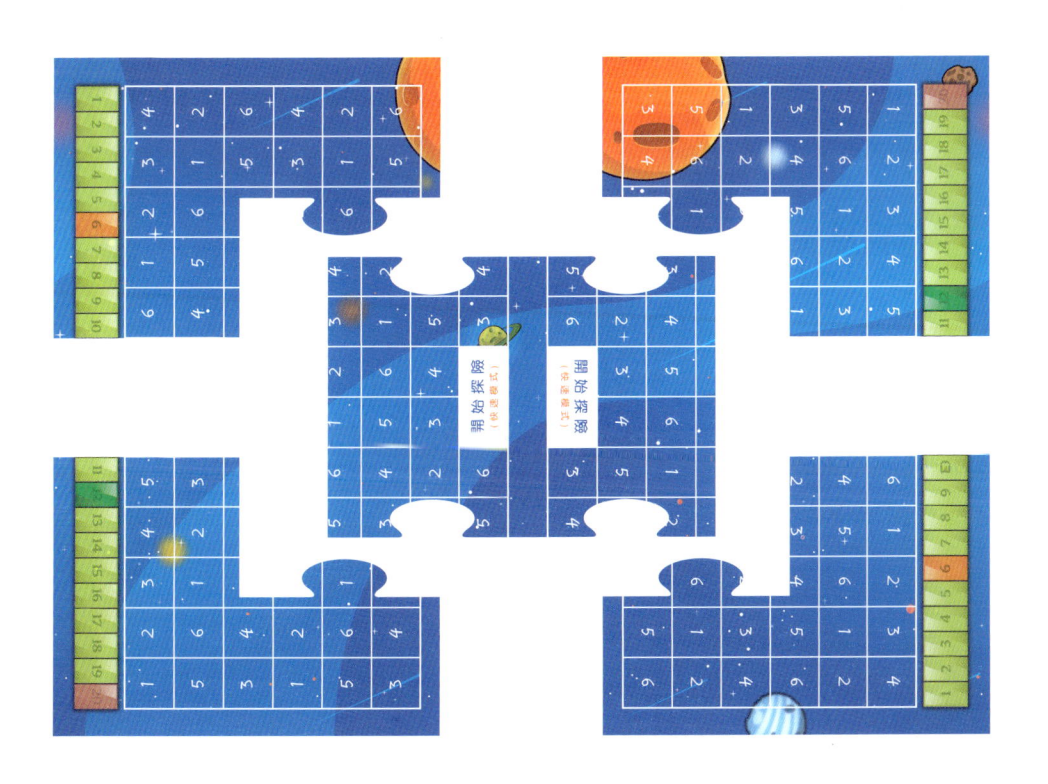

組裝後

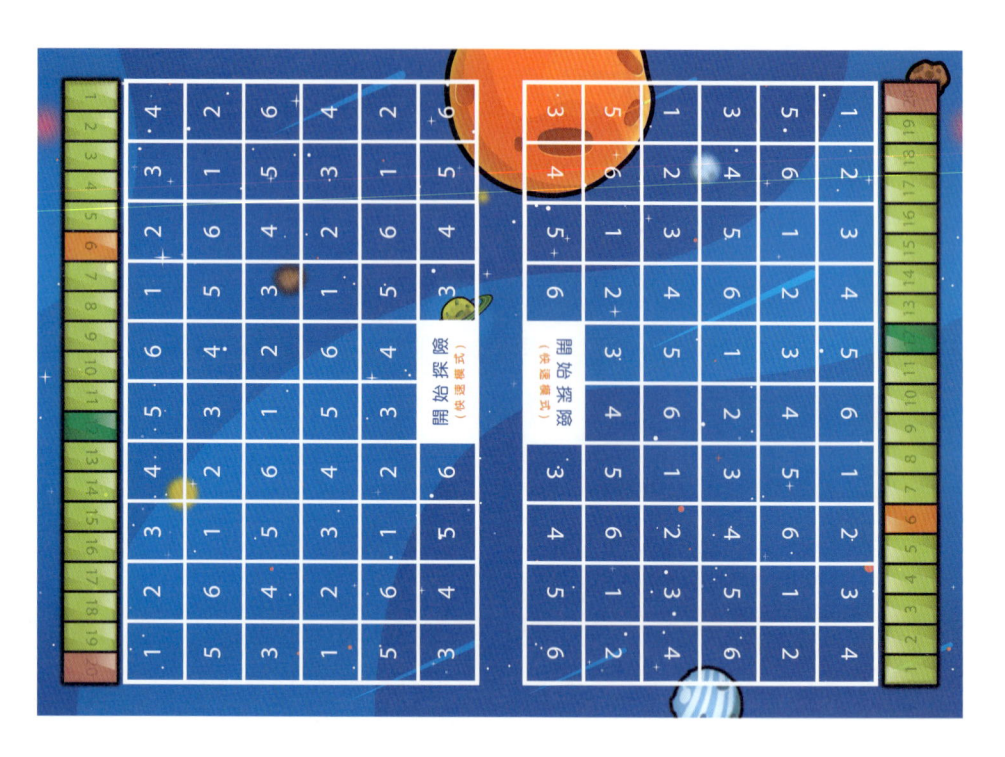

探險開始　（同「基礎模式」）

探險結束

當任一方的太空船停到對方的「地球」位置時，則該隊伍獲勝，探險結束。

若太空船停到黑洞的位置時，執行黑洞的功能暫停一回合，並將黑洞物件從星際棋盤上移除。

挑戰時間

請 2 人一組,依據「基礎模式」的回合說明,搭配快速模式的星際棋盤擺設進行練習,時間約 20～30 分鐘。

試著想一想,剛剛遊戲中有用到哪些運算思維的元素呢?

請將對應的卡牌名稱或玩法填入下方表格內。

程式設計概念		桌遊對應的卡牌或玩法
序列	識別任務從一步到另一步的一連串的次序	
事件	一件事情導致另一件事情的發生	
重複	反覆多次執行相同序列的事件	
條件	基於各種不同狀況來作出決定	
平行	讓多於一件事件同時發生	
命名	將變數和函數命名供存取及改變數據的數值	
運算子	支援數學及邏輯表達式的運算符號	
數據運用	儲存、取回及更新數據的運用	

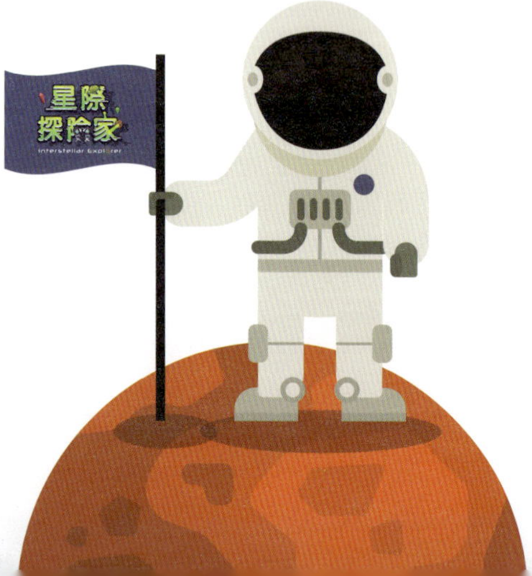
星際
探險家

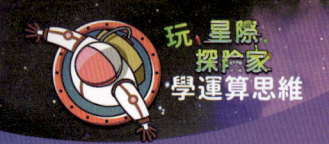

微課 5

星際探險家玩法解說
——團隊模式與分享、回顧

學習目標
1. 了解「星際探險家」團隊模式的玩法，訓練團隊合作的精神。
2. 透過分享與對話，思考從桌遊中學到哪些概念。

團隊模式

「團隊模式」與「基礎模式」相似，一樣使用「基礎模式」那一面（深藍色）的星際棋盤，遊戲玩法與基礎模式雷同，只是團隊模式需要 4 位玩家一起參與，2 位玩家為一個隊伍，且每人各自控制一艘太空船。團隊模式特別的是每回合執行飛行船啟動前，可以互相觀看隊友的手牌並討論，再自行決定是否要與隊友交換卡片，最多可以交換飛行卡與魔力卡各一張，讓同隊伍的玩家可以互相討論，激發出更多解決問題的方式，幫助玩家互相學習，訓練團隊合作的精神。

卡牌交換範例

交換前

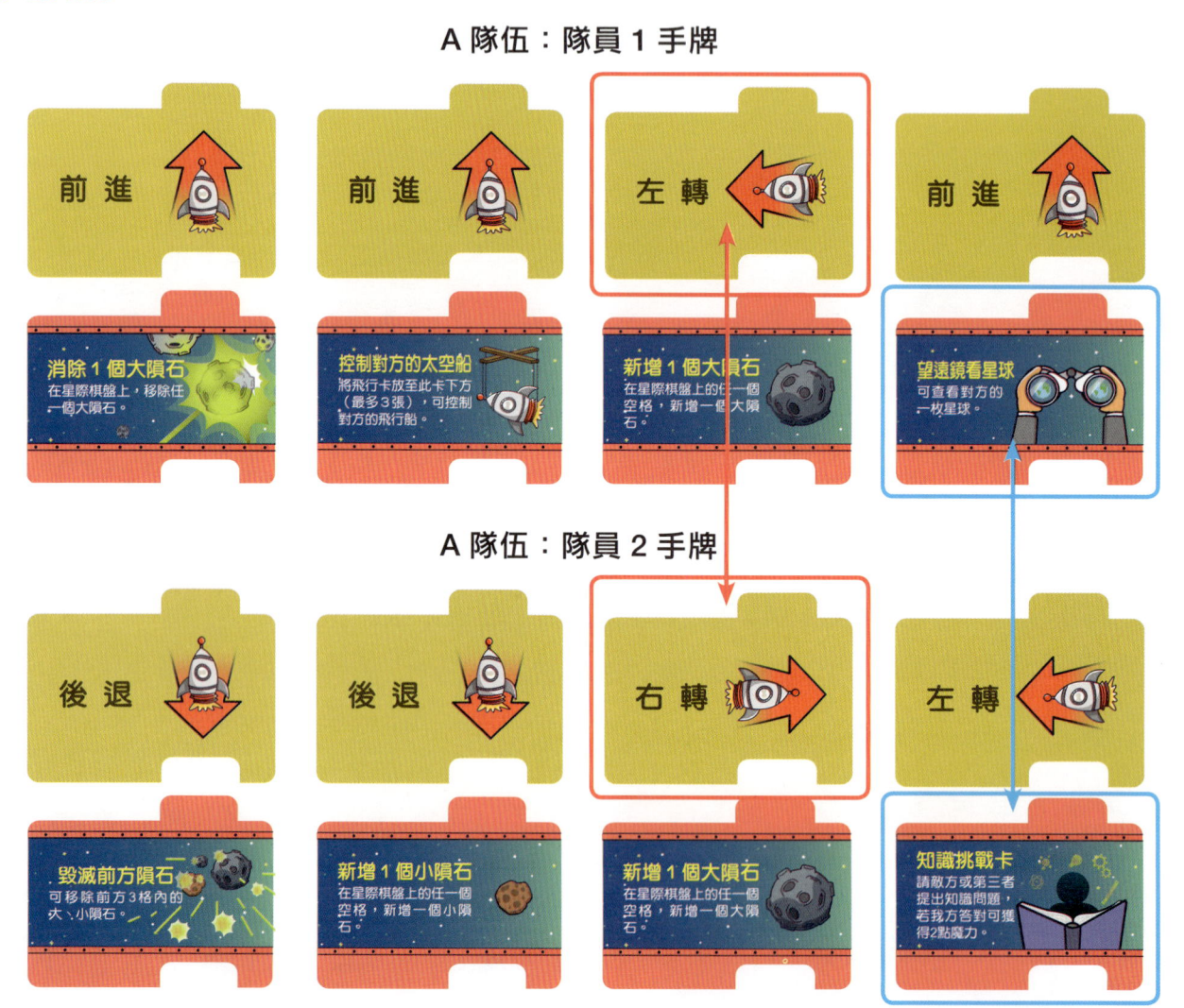

A 隊伍：隊員 1 手牌

前進	前進	左轉	前進
消除 1 個大隕石	控制對方的太空船	新增 1 個大隕石	望遠鏡看星球

A 隊伍：隊員 2 手牌

後退	後退	右轉	左轉
毀滅前方隕石	新增 1 個小隕石	新增 1 個大隕石	知識挑戰卡

微課 5　星際探險家玩法解說─團隊模式與分享、回顧

交換後

A 隊伍：隊員 1 手牌

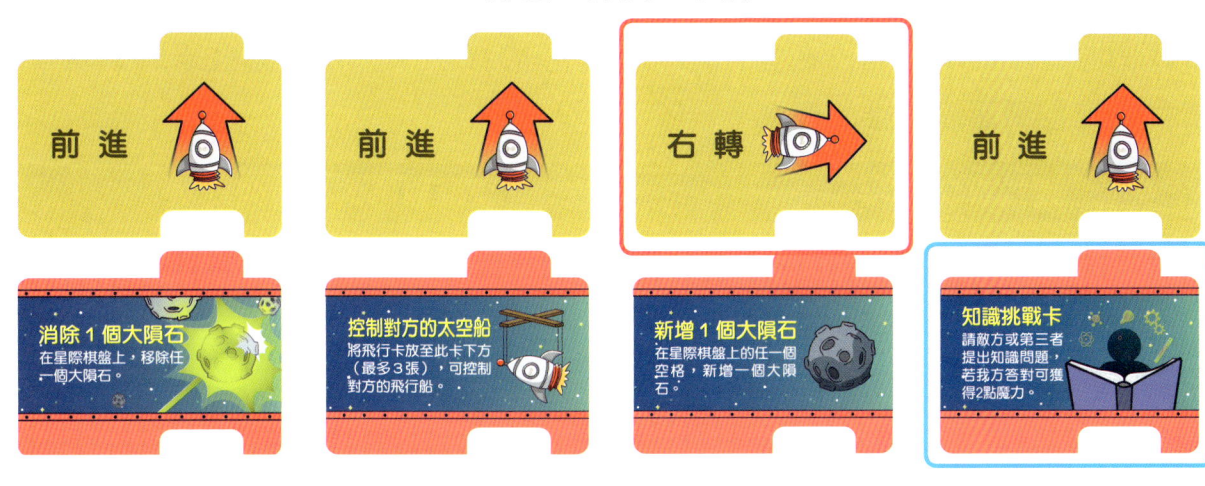

前進	前進	右轉	前進
消除 1 個大隕石 在星際棋盤上，移除任一個大隕石。	控制對方的太空船 將飛行卡放至此卡下方（最多 3 張），可控制對方的飛行船。	新增 1 個大隕石 在星際棋盤上的任一個空格，新增一個大隕石。	知識挑戰卡 請敵方或第三者提出知識問題，若我方答對可獲得 2 點魔力。

A 隊伍：隊員 2 手牌

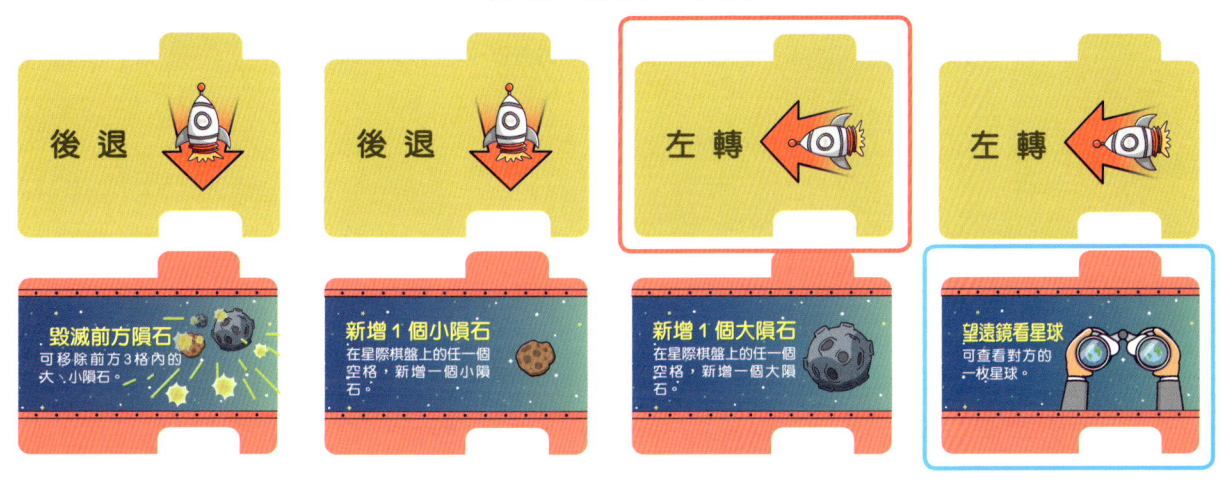

後退	後退	左轉	左轉
毀滅前方隕石 可移除前方 3 格內的大、小隕石。	新增 1 個小隕石 在星際棋盤上的任一空格，新增一個小隕石。	新增 1 個大隕石 在星際棋盤上的任一個空格，新增一個大隕石。	望遠鏡看星球 可查看對方的一枚星球。

學習分享

1. 你在擺隕石與寶藏的時候有什麼策略？
2. 當你在進攻時有什麼方法可以盡快到達目的地？
3. 你覺得要贏得遊戲需要哪些技巧或注意什麼事情？
4. 你覺得對手有什麼厲害的地方？
5. 你覺得對手有什麼弱點？
6. 你覺得自己有什麼厲害的地方？
7. 你覺得自己有什麼弱點？
8. 你最希望抽到什麼卡片？
9. 你最喜歡什麼模式？為什麼？
10. 在團隊模式中，你覺得最重要的是什麼？

探險回顧

我們照著下面的表格一起來回顧,在「星際探險家」中,哪些卡牌或玩法可以讓我們學習到運算思維的概念。

程式設計概念		桌遊對應的卡牌或玩法
序列	識別任務從一步到另一步的一連串的次序	飛行船啟動
事件	一件事情導致另一件事情的發生	新增1個小隕石、新增1個大隕石、消除1個小隕石、消除1個大隕石、暫停卡、暫停魔力卡、望遠鏡看星球、光束卡、防護罩卡、毀滅前方隕石、換角色、呼叫角色技能、知識挑戰卡、萬用卡、愛不離手卡……等
重複	反覆多次執行相同序列的事件	飛行卡效果 × N
條件	基於各種不同狀況來作出決定	條件卡 1～5
平行	讓多於一件事件同時發生	控制對方的太空船
命名	將變數和函數命名供存取及改變數據的數值	建立函數卡、呼叫函數卡、空白條件卡、空白執行卡
運算子	支援數學及邏輯表達式的運算符號	隕石爆炸、外星人攻擊、魔力記錄器
數據運用	儲存、取回及更新數據的運用	魔力記錄器、補給卡

在星際探險家的遊戲過程中除了魔力卡讓玩家學習到許多的運算思維之外,其實玩家在腦中模擬飛行船路線與手中卡牌的應用及除錯的過程中,透過大量的思考,訓練專注力與解決問題的能力。

挑戰時間

請 4 人一組，分成 2 個隊伍，依據「基礎模式」的回合說明，並使用「團隊模式」的規則，搭配基礎模式的星際棋盤擺設進行練習，時間約 40～50 分鐘。

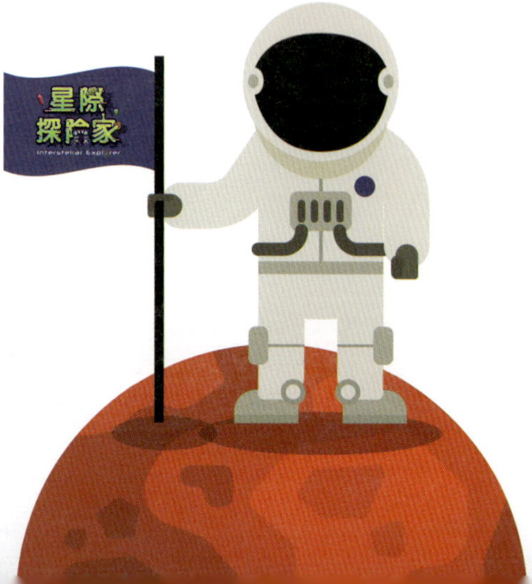
星際探險家

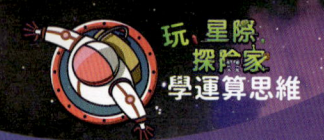

微課 6

用卡牌寫程式,解決生活中的問題

學習目標
學習透過桌遊卡牌與自訂卡牌寫程式並解決生活中的問題。

透過程式積木解決生活問題

在熟悉程式設計的概念之後，讓我們一起創造程式設計概念的積木卡牌，使用程式設計邏輯來解決生活中的問題。

我們先來介紹程式積木的種類。

積木種類	說明
開始	程式開始，須執行的積木需要放置於此下方。
結束	後續沒有其他程式，程式執行結束。
重複 ⬆	此 2 個積木需要一起搭配使用。 ● 重複積木，設定迴圈重複次數，將要重複的次數或條件標註於積木右邊，如重複 10 次、重複直到終點……等。 ● 標示迴圈結束的積木，主要規範迴圈重複範圍，將需要重複執行的積木放置重複積木與此積木中間，代表重複積木與此積木中間的積木是要重複執行的。
（事件）	事件積木，為較簡單的單一事件，直接將事件內容寫至積木上方。
如果 否則 結束判斷	此 3 個需要一起搭配使用，此為條件判斷，將判斷條件寫至如果積木上，將要執行的內容放置於如果下方，若判斷為非的話，則執行否則下方的內容，最後使用結束判斷積木，表示結束此判斷。
函數	可將多次使用到的程式步驟建立為函數，可直接呼叫使用，不需重複撰寫程式碼。

範例 1

小德上山去採蘑菇，如果找到蘑菇大小小於 5 公分就不採，否則就採回去市場賣錢，要蒐集到 50 個才可以到市場販賣。

程式積木

- 開始
- 出發上山
- 重複　直到採完 50 個蘑菇
- 找尋蘑菇
- 如果　發現蘑菇小於 5 公分
- 不進行採取
- 否則
- 進行採取
- 結束判斷
- 去市場販售蘑菇
- 結束

範例 2

阿明一家有五個人，有爸爸、媽媽、哥哥、姊姊、阿明，接近過年了，一家人準備整理家裡，每個人輪流將自己沒用到的東西作為二手物販售出去，需將要販售的東西進行清潔、評估販售價格、貼上售價標籤再放入箱子，每人準備一箱，再一起到市場販售。

程式積木

開始
- 爸爸整理東西
- 呼叫函數
- 媽媽整理東西
- 呼叫函數
- 阿明整理東西
- 呼叫函數
- 一起開車到市場販售
- 結束

函數
- 清潔二手物
- 評估販售價格
- 貼上售價標籤
- 放入箱子

挑戰時間

請將下列問題利用程式設計概念的積木卡牌，使用程式邏輯來解決問題。

可直接將積木方塊使用剪刀剪下來，直接在上面用鉛筆寫上自創的內容，再將方塊連接起來，並與老師和同學分享你的解決方案。

題目 1：

小明出海捕魚，如果捕到小於 10 公分以下的魚都要放生，超過 10 公分的就放入冰庫留著拿去市場賣，當冰庫的漁貨量在 100 公斤以下就繼續撒網捕魚，如果魚貨量超過 100 公斤就返航到市場賣魚。

題目 2：

香香與媽媽都非常愛乾淨，如果 4：30 以前香香先回到家，會主動打掃客廳，如果超過 4：30 沒有人打掃，則由媽媽打掃客廳，打掃客廳包含了掃地、拖地、擦玻璃、倒垃圾，打掃完客廳後，再一起吃晚餐。

微課 6　用卡牌寫程式，解決生活中的問題

開始	結束	函數
如果	否則	結束判斷
重複	↑	

微課 6　用卡牌寫程式，解決生活中的問題

開始　　　結束　　　函數

如果　　　否則　　　結束判斷

重複　　　↰

微課 6　用卡牌寫程式，解決生活中的問題

開始　　　　　結束　　　　　函數

如果　　　　　否則　　　　　結束判斷

重複　　　　　↱

微課 6　用卡牌寫程式，解決生活中的問題

開始　　結束　　函數

如果　　否則　　結束判斷

重複　　↑

89

附 錄
— 練習題解答

1.1 問題拆解

題目：鉛筆盒不見時，要考慮什麼？
解答：・曾經路過哪些地方？
　　　・在哪裡寫過作業？
　　　・在哪些地方拿出過鉛筆盒？
　　　・鉛筆盒借過誰？
　　　・最後一次看到鉛筆盒是什麼時候？
　　　此問題無固定解答，可自由發揮。

1.2 找出規律

題目：如何從公園的動物中找出蜘蛛？(找出蜘蛛的共同特徵)
解答：・8 隻腳
　　　・會吐絲
　　　・一對上顎
　　　・兩個體節
　　　・身上有細小的毛

1.3 歸納與抽象化

題目：從公園的狗狗當中找出紅貴賓犬
解答：・捲毛
　　　・毛為紅棕色
　　　・耳朵為垂耳
　　　・耳朵長而寬
　　　・尾巴直

1.4 演算設計法

練習 1

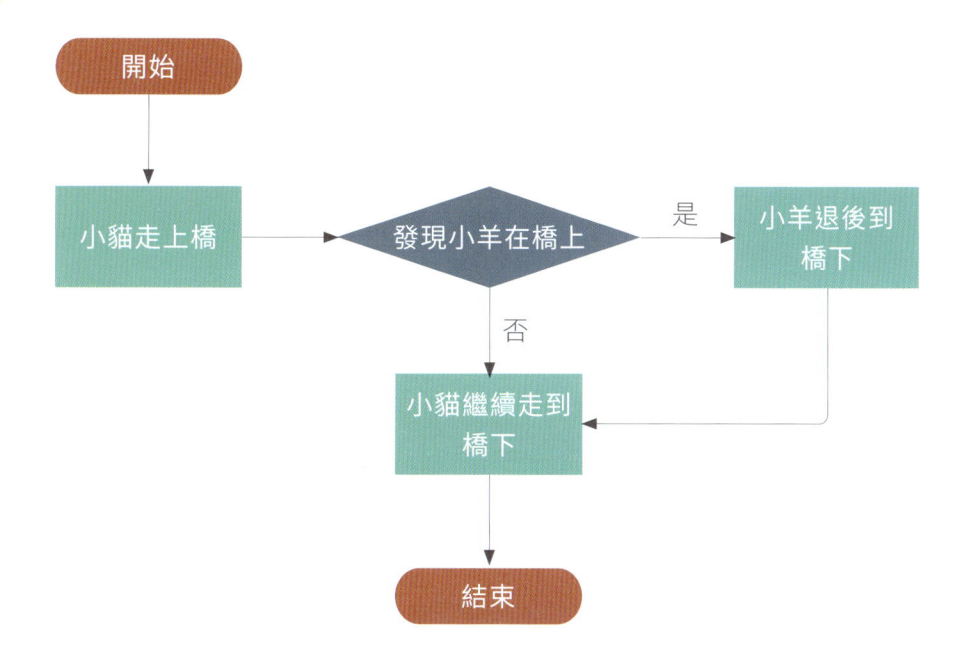

```
開始
  ↓
小貓走上橋 → 發現小羊在橋上 --是→ 小羊退後到橋下
                ↓否                      ↓
             小貓繼續走到橋下 ←────────────┘
                ↓
              結束
```

練習 2

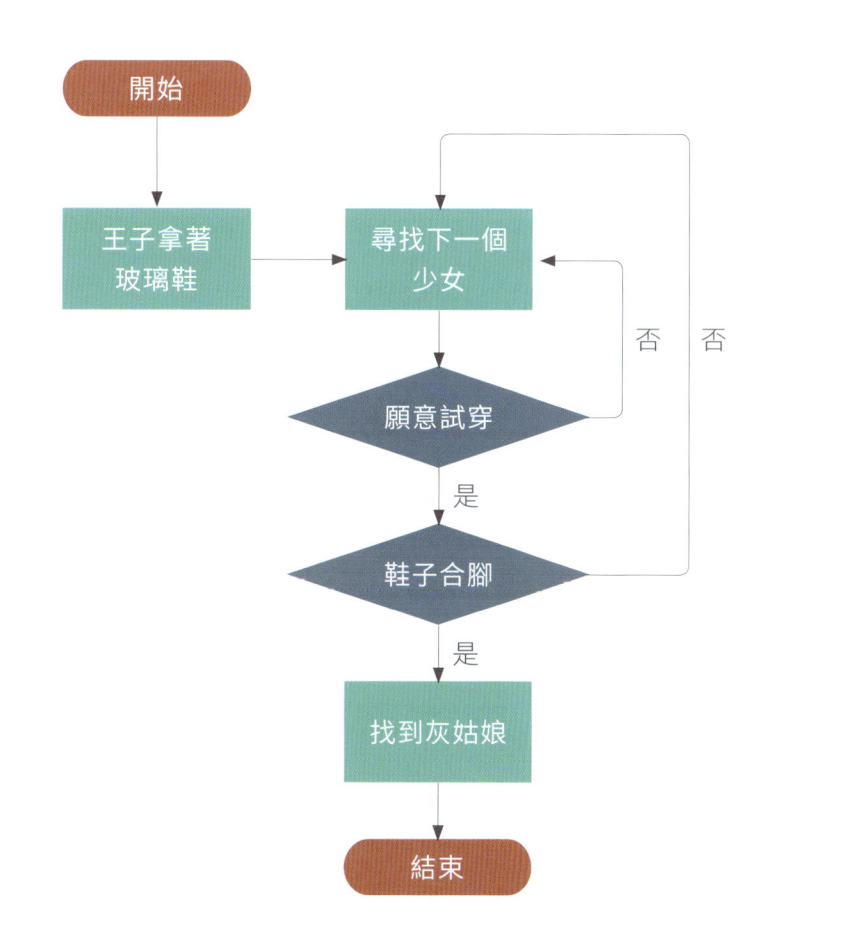

```
開始
  ↓
王子拿著玻璃鞋 → 尋找下一個少女
                    ↓
                  願意試穿 --否→ (回到尋找下一個少女)
                    ↓是
                  鞋子合腳 --否→ (回到尋找下一個少女)
                    ↓是
                  找到灰姑娘
                    ↓
                   結束
```

練習 3

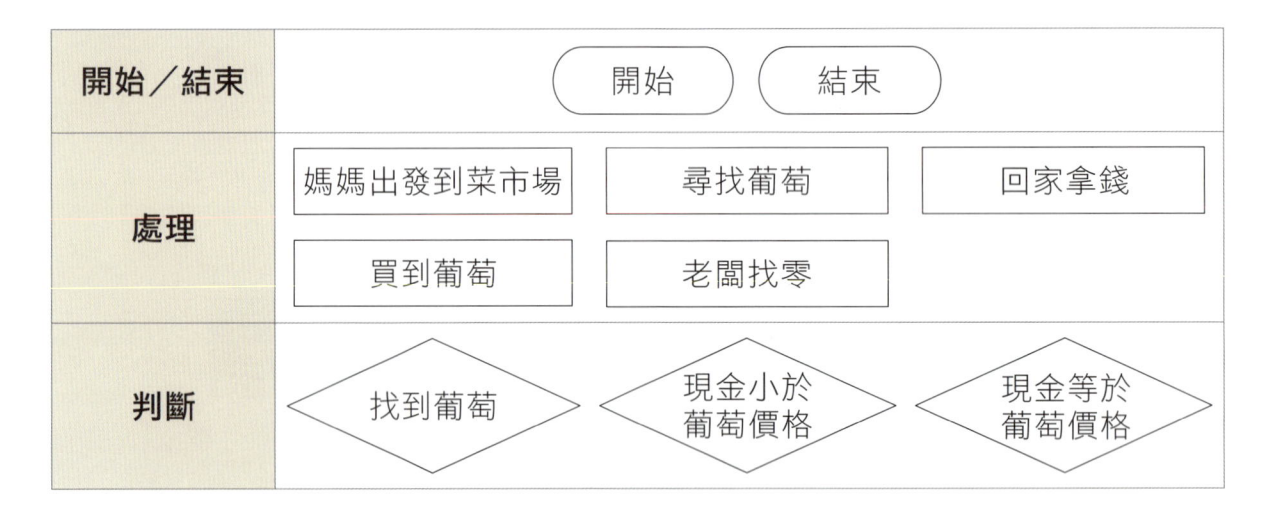

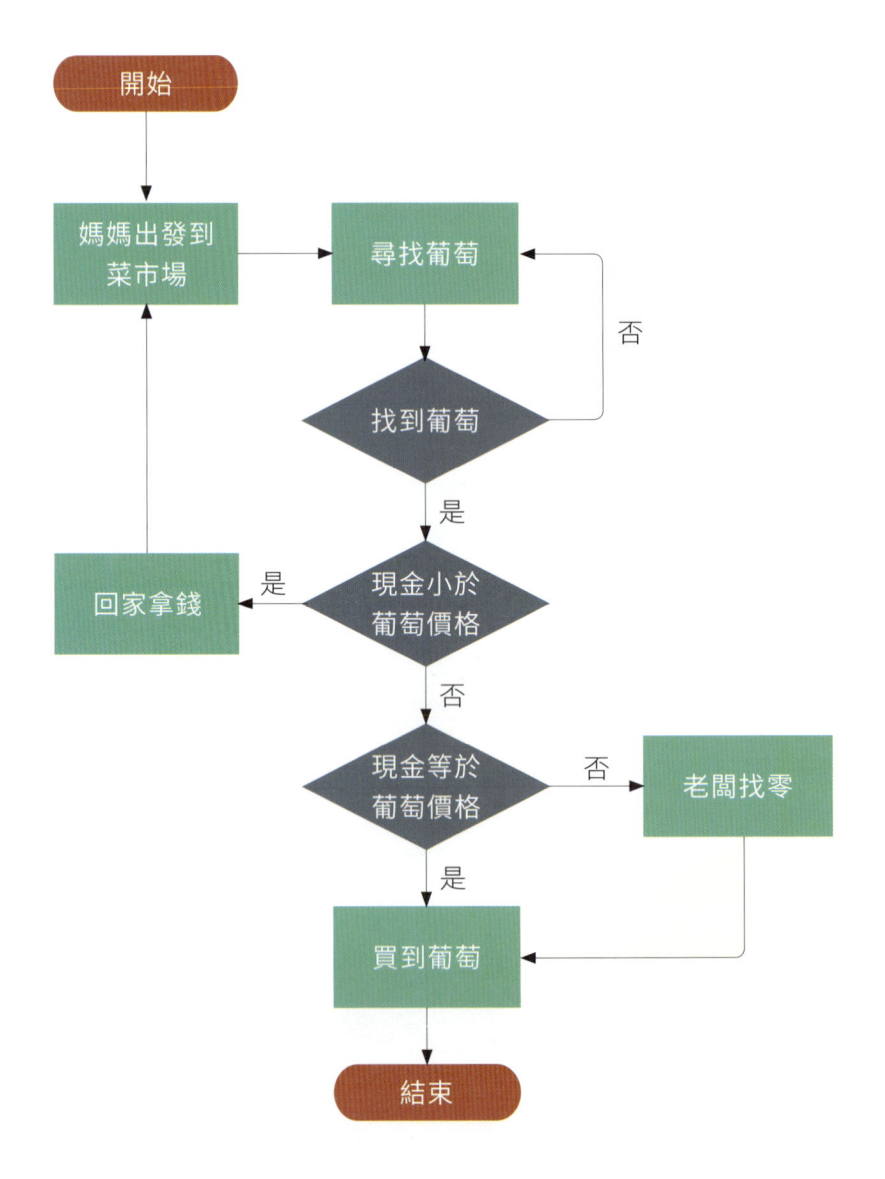

開始／結束	開始　結束
處理	媽媽出發到菜市場　尋找葡萄　回家拿錢 買到葡萄　老闆找零
判斷	找到葡萄　現金小於葡萄價格　現金等於葡萄價格

流程圖：

開始 → 媽媽出發到菜市場 → 尋找葡萄 → 找到葡萄？
- 否 → 回到尋找葡萄
- 是 → 現金小於葡萄價格？
  - 是 → 回家拿錢 → 回到媽媽出發到菜市場
  - 否 → 現金等於葡萄價格？
    - 否 → 老闆找零 → 買到葡萄
    - 是 → 買到葡萄
- → 結束

附錄

2.3 認識角色卡

挑戰時間 連連看

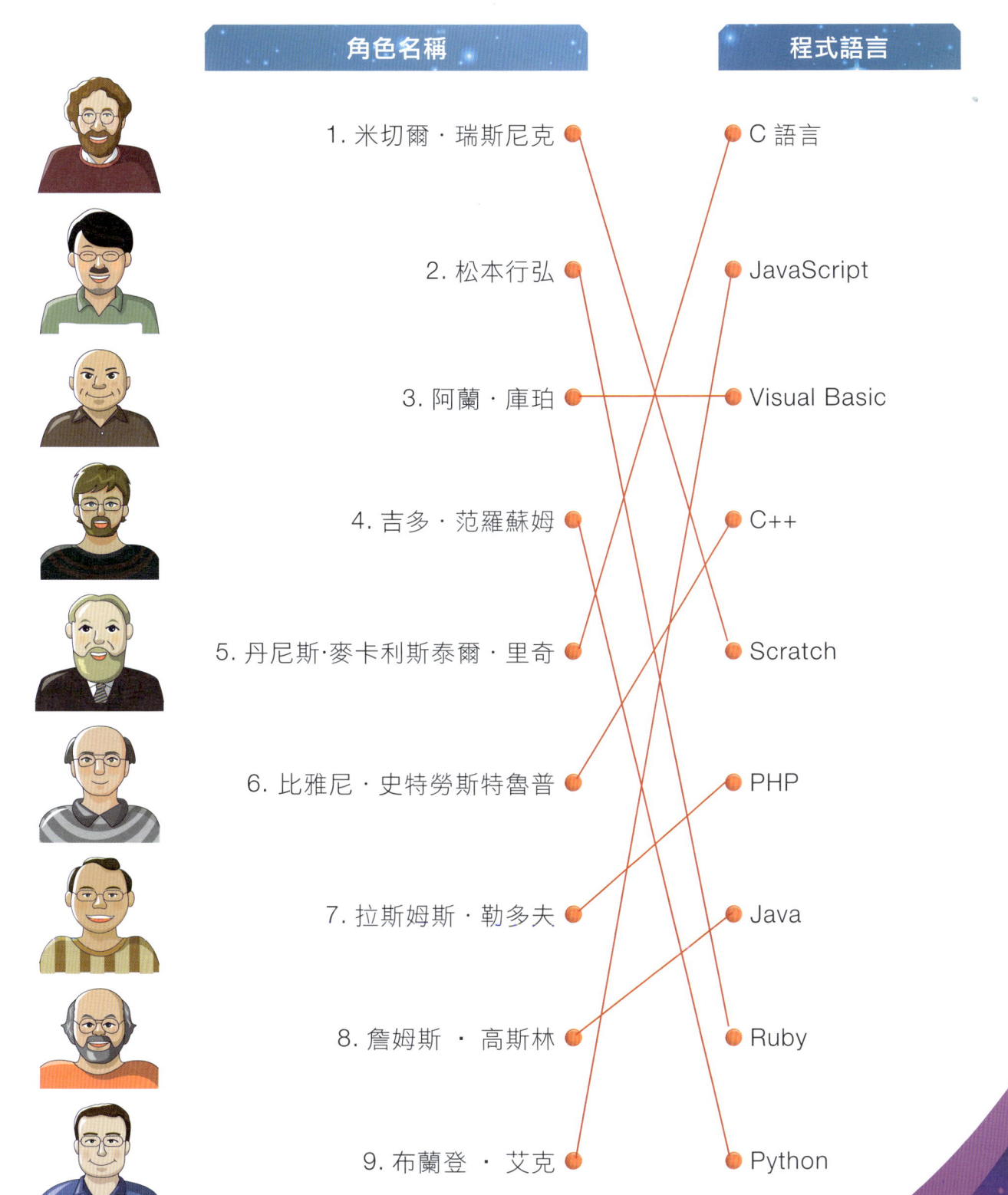

角色名稱	程式語言
1. 米切爾‧瑞斯尼克	C 語言
2. 松本行弘	JavaScript
3. 阿蘭‧庫珀	Visual Basic
4. 吉多‧范羅蘇姆	C++
5. 丹尼斯‧麥卡利斯泰爾‧里奇	Scratch
6. 比雅尼‧史特勞斯特魯普	PHP
7. 拉斯姆斯‧勒多夫	Java
8. 詹姆斯‧高斯林	Ruby
9. 布蘭登‧艾克	Python

2.4 認識飛行卡

挑戰時間

一、

題目 1　　題目 2 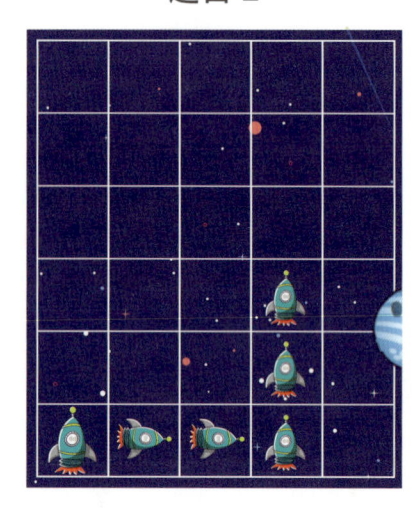　　題目 3

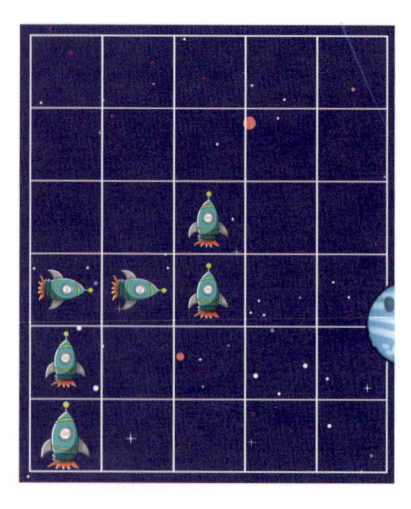

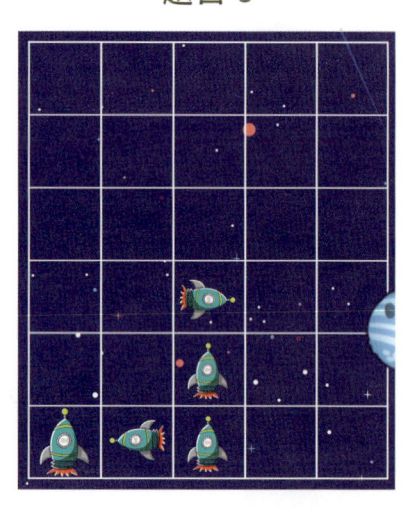

題目 4 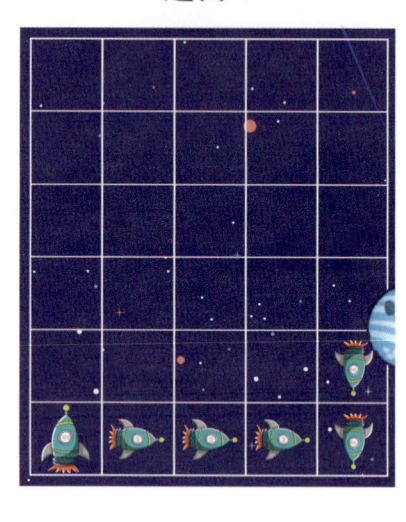　　題目 5 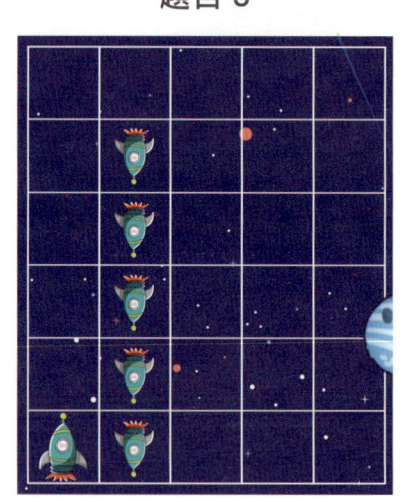　　題目 6

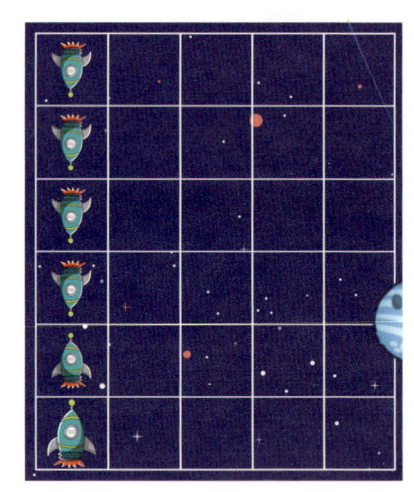

二、

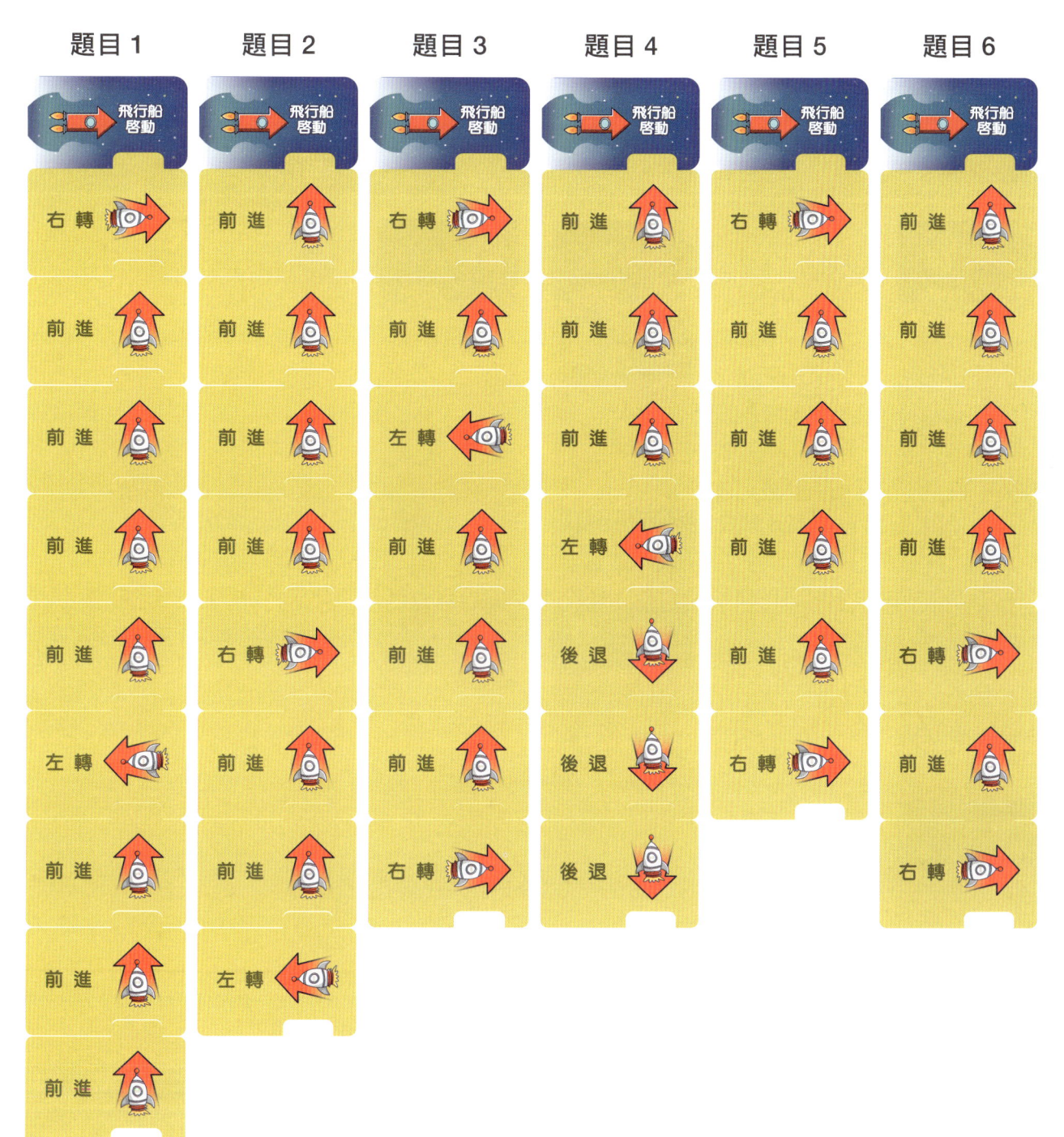

題目1	題目2	題目3	題目4	題目5	題目6
飛行船啟動	飛行船啟動	飛行船啟動	飛行船啟動	飛行船啟動	飛行船啟動
右轉	前進	右轉	前進	右轉	前進
前進	前進	前進	前進	前進	前進
前進	前進	左轉	前進	前進	前進
前進	前進	前進	左轉	前進	前進
前進	右轉	前進	後退	前進	右轉
左轉	前進	前進	後退	右轉	前進
前進	前進	右轉	後退		右轉
前進	左轉				
前進					

3.4 魔力點數紀錄器

挑戰時間

二、

飛行船啟動
前進
前進
前進
前進
右轉
毀滅前方隕石 可移除前方3格內的冰、小隕石。
前進
前進
前進
前進
左轉

三、

飛行船啟動
呼叫函數卡 可呼叫已儲存的函數使用。
右轉
毀滅前方隕石 可移除前方3格內的冰、小隕石。
呼叫函數卡 可呼叫已儲存的函數使用。
左轉

四、

答：3點

函數
前進
前進
前進
前進

微課 6

挑戰時間

題目 1

- 開始
- 出海捕魚
- 重複 直到冰庫的魚貨超過 100 公斤
  - 撒網捕魚
  - 如果 魚小於 5 公分
    - 將魚放生
  - 否則
    - 放入冰庫
  - 結束判斷
- 返航到市場賣魚
- 結束

題目 2

- 開始
- 如果 4:30 以前香香回到家
  - 香香整理客廳
  - 呼叫函數
- 否則
  - 媽媽整理客廳
  - 呼叫函數
- 結束判斷
- 一起吃晚餐
- 結束

函數
- 掃地
- 拖地
- 擦玻璃
- 倒垃圾

NOTE